TRABA LHA BILI DADE

A essencialidade do APERFEIÇOAMENTO

Victor Mirshawka

TRABALHABILIDADE

A essencialidade do APERFEIÇOAMENTO

Design de capa, projeto gráfico e diagramação: Bruno Ortega

Dados Internacionais de Catalogação na Publicação (CIP)
(Câmara Brasileira do Livro, SP, Brasil)

Mirshawka, Victor
Trabalhabilidade : a essencialidade do aperfeiçoamento / Victor Mirshawka. -- 1. ed. -- São Paulo : DVS Editora, 2023.

ISBN 978-65-5695-088-4

1. Carreira profissional - Desenvolvimento 2. Desenvolvimento pessoal 3. Desenvolvimento profissional 4. Empreendedorismo 5. Mudança - Planejamento 6. Tecnologia - Aspectos sociais I. Título.

23-146860 CDD-306.3

Índices para catálogo sistemático:

1. Trabalho : Aspectos sociais 306.3

Aline Graziele Benitez - Bibliotecária - CRB-1/3129

Nota: *Muito cuidado e técnica foram empregados na edição deste livro. No entanto, não estamos livres de pequenos erros de digitação, problemas na impressão ou de uma dúvida conceitual. Para qualquer uma dessas hipóteses solicitamos a comunicação ao nosso serviço de atendimento através do e-mail: atendimento@dvseditora.com.br. Só assim poderemos ajudar a esclarecer suas dúvidas.*

TRABA LHA BILI DADE

A essencialidade do APERFEIÇOAMENTO

Livro 3

Victor Mirshawka

DVS EDITORA
www.dvseditora.com.br
São Paulo, 2023

ÍNDICE

INTRODUÇÃO

A minha intenção ao escrever esses três livros foi a de analisar ao máximo o conceito de trabalhabilidade, isto é, a capacidade de uma pessoa gerar renda para si a partir de seus talentos e por toda a vida.

Trabalhabilidade é quando uma pessoa se preocupa com o trabalho que ela pode desenvolver e o veja como algo além do emprego.

A trabalhabilidade está num patamar superior ao da empregabilidade a qual está mais atrelada à capacidade de ter uma boa colocação durante a sua carreira profissional.

Ou seja, ao se preocupar com a empregabilidade – que continua sendo muito importante – abordam-se especialmente os conhecimentos técnicos e comportamentais exigidos pelo mercado de trabalho para que uma pessoa consiga se manter em um emprego formal e desenvolva a sua carreira a partir dessa perspectiva.

Não é segredo para ninguém, que a forma de trabalhar hoje em dia não é a mesma de há 10 anos, e praticamente nem se compara com o que era feito 20 anos atrás, pois muita tecnologia foi incorporada e aconteceram significativas transformações digitais em todas as áreas.

Justamente para que as pessoas aprendam a desenvolver a sua trabalhabilidade que decidi escrever esses três livros.

1) Trabalhabilidade: A Obrigatoriedade da Adaptação.

2) Trabalhabilidade: A Necessidade da Agilidade.

3) Trabalhabilidade: A Essencialidade do Aperfeiçoamento.

De forma resumida, pode-se afirmar que para alcançar um elevado patamar de trabalhabilidade é vital saber **adaptar-se** (o que implica em ter conhecimento), **agilizar-se** (o que impõe em ser mais flexível e não ter medo de fazer algo de maneira diferente) e **aperfeiçoar-se** (o que obriga a investir continuamente na melhoria da sua educação).

São esses três verbos que começam com A – os **3As** – que serão enfatizados e detalhados para que façam parte das ações e das atitudes das pessoas no seu dia a dia.

No livro 1 – *Trabalhabilidade: A Obrigatoriedade da Adaptação* –, que consta de oito capítulos começa-se discutindo as condições que passaram a preponderar no século XXI, as megatendências que prevaleceram e influenciaram a sociedade, especialmente no que se refere ao trabalho.

Desde o início do século XXI aconteceram alterações significativas caracterizadas pelos **6Cs** – **contratação temporária**, **conectividade**, **colaboração**, **compartilhamento**, **construção individual** (cultura *maker*), **criatividade** (com um impulso significativo da economia criativa).

Sem dúvida, aí tornou-se também indispensável discutir como se incrementa a **empregabilidade** e se desenvolve a **trabalhabilidade** de uma pessoa, quando o foco dela não está mais apenas na conquista de um emprego, mas na própria capacidade de gerar trabalho e renda.

Entre as grandes atribulações que as pessoas precisaram enfrentar e se adaptar estão o cenário criado pelo **mundo VICA** (com muita volatilidade, incerteza, complexidade e ambiguidade), acomodar-se o mais rápido possível as exigências e as alterações que foram sendo introduzidas pela **4ª Revolução Industrial** (particularmente a automação, a Internet das Coisas e a inteligência artificial), sobreviver as turbulências do **mundo FANI** (frágil, ansioso, não linear e incompreensível) e acostumar-se com os **novíssimos normais** (decorrentes do isolamento provocado pela pandemia do novo coronavírus entre os quais a telemedicina, educação remota, entretenimento virtual, compras pela Internet etc.)

As **transformações digitais** - que podem ser definidas como sendo um fenômeno no qual se incorporou o usa da tecnologia digital para promover soluções de problemas tradicionais – modificaram os paradigmas de utilização da tecnologia em muitas áreas como na comunicação global, educação, medicina, artes e especialmente no mercado de trabalho no qual muitos postos de trabalho desapareceram e continuam sendo eliminados!?!?

E isso suscitou a necessidade de se envolver com o **futurismo** para "tentar acertar" sobre qual ocupação ou profissão uma pessoa deveria ter, se preparar ou pelo menos se adaptar adequadamente, para o que exige o mercado de trabalho.

Claro que entre as principais competências do profissional do futuro estão os 3As – **adaptabilidade**, **agilidade** e **aperfeiçoamento** – que devem ser incrementadas continuamente!!!

Se a adaptação é um processo pelo qual os seres humanos (e outros seres vivos) desenvolvem características que os ajudam a sobreviver no seu meio, nesse livro, sem dúvida o principal objetivo é ensinar como **adaptar-se** para ter um trabalho que lhe garanta uma renda, suficiente para pelo menos viver!!!

No livro 2 – *Trabalhabilidade: A Necessidade da Agilidade* –, procurou-se destacar que a trabalhabilidade é tida por muitos especialistas como o futuro da vida profissional.

Isto porque ela abrange características que se tornaram indispensáveis para qualquer trabalho, ou seja, a agilidade e a flexibilidade na maneira como se estabelecem as relações de trabalho – como é o caso da colaboração voluntária, a criação de *startups* (empresas iniciantes com caráter escalável, disruptivo e repetível).

É claro que se tornou necessário descrever como se pode tornar **empreendedor**, bem como salientar as vantagens de se empreender assim como ressaltar as dificuldades que se deve superar ou enfrentar no empreendedorismo.

No mundo hoje existem muitos exemplos nos quais se pode inspirar para se desenvolver no empreendedorismo, especificamente comparecendo a eventos espetaculares organizados em diversas partes do planeta, inclusive em cidades do Brasil, para conhecer ideias incríveis para novos negócios.

É o conceito de trabalhabilidade que estimula que cada pessoa desenvolva o seu potencial voltando-se para competências específicas como **pensamento criativo**, **criatividade**, **solução de problemas**, **inovação** etc.

Dedicou-se a esses temas uma boa parte do livro 2, isto é, para conceituar como o pensamento (tanto o indutivo como o dedutivo) se desenvolve no cérebro das pessoas, possibilitando-lhes a criação de **modelos mentais** com os quais elas procuram simplificar a realidade que encontram a sua frente.

É o modelo mental que nos possibilita ter uma abstração do presente e estabelecer uma base para construir o futuro!!!

Entre os exemplos de modelos mentais estão os **conceitos**, os **estereótipos**, as **ideias**, os **paradigmas**, os **paradoxos** etc.

Um conceito é um modelo mental formado por meio da integração mental de diversos elementos.

Um estereótipo é um conceito ou imagem preconcebida, padronizada ou generalizada estabelecida pelo senso comum, sem um conhecimento profundo, sobre algo ou alguém.

Ideia é o primeiro e mais óbvio dos atos de percepção, podendo ser uma imagem ou representação mental de um objeto.

Por sua vez paradigma é fazer algo diferente do que vinha sendo feito, como por exemplo a substituição do trabalho feito por um ser humano colocando aí um robô, o que ameaça seriamente a sobrevivência das pessoas.

O norte-americano Joel Arthur Barker, pesquisador independente e futurista, que popularizou o conceito de mudança de paradigmas, tornando-se inclusive conhecido como o **"homem do paradigma"** disse:

"As pessoas (e, também, as empresas) não se adaptam facilmente às mudanças de paradigmas, pois se sentem presas à segurança e estabilidade dos paradigmas atuais e temem ou relutam muito em alterar seus comportamentos através da aquisição de outros padrões que rompem os vigentes."

Claro que as pessoas que não se agilizam e rompem com os paradigmas antigos, assumem no mínimo uma atitude paradoxal, como se não houvesse um adequado modelo mental para se ajustar, por exemplo, à época em que vivemos sob o impacto de transformações digitais devastadoras que todos, de alguma forma devem introduzir!!!

Naturalmente o que se espera por exemplo de um empreendedor para que ele tenha sucesso é que seja criativo e inventivo, o que significa que deve ter conhecimentos razoavelmente bons sobre a criatividade e a inovação (que é a invenção que se transformou em um sucesso).

A criatividade é a aptidão que a pessoa tem para mudar a sua percepção da realidade, criando novos modelos mentais.

Para se tornar criativo é necessário ser criterioso, saber usar bem o julgamento, especialmente ao se deparar com os pensamentos convergente e divergente, lidar bem com as dúvidas (especialmente saber quando abandonar uma modelo mental), não se assustar com as restrições, pois só assim vai se poder chegar à inovação (quando se consegue mudar alguma realidade...).

São os criativos que convivem frequentemente com os **momentos caramba** – quando de repente percebem que alguns dos seus modelos mentais estão "fora de moda", isto é, obsoletos, e por isso precisam ser abandonados -, e os **momentos eureka!**, quando inopinadamente descobrem uma nova maneira de ir para frente, de progredir com algo inovador.

É possível ter inovação sem criatividade (!?!?) basta por exemplo copiar ou "**imovar**" (imitar uma inovação) uma ideia, e desenvolvê-la e colocar no mercado um produto ou serviço mais **agilmente** que o inovador pioneiro.

Não é nada ruim fazer isso, aliás inspirando-se nas boas ideias dos outros podemos ter muito sucesso também!!!

Naturalmente continua valendo, porém, que o primeiro a chegar a uma inovação tem uma probabilidade bem grande de ser bem-sucedido nos negócios atrelados a ela.

Exemplos incríveis na prática de criatividade são as *startups* que surgiram sempre com a condição de se aproveitarem de ideias disruptivas, que lhes permitiram um **crescimento exponencial**!!!

A comprovação disso é que até o final de 2021, tínhamos 26 *startups* brasileiras, que chegaram de maneira relativamente rápida à categoria de **unicórnio** (com valor de mercado superior a US$ 1 bilhão), e que de fato atenderam a demanda que existia no mercado de forma atraente e inédita.

Aliás, uma grande vitrine da trabalhabilidade são todas as *startups* – naturalmente as que são unicórnios constituem exemplos espetaculares -de como as pessoas podem criar trabalho para si (e, também para muitas pessoas que empregam...).

As histórias dos empreendedores que chegaram ao sucesso são, porém, repletas de "**tropeções**" quando eles cometeram falhas, inclusive chegaram a grandes fracassos.

De saída é bom lembrar que o único lugar que o sucesso vem antes do trabalho é no dicionário.

O segredo para se chegar ao sucesso é manter a **constância de propósito**, ou seja, que se pode chegar a ele, passando inclusive de fracasso em fracasso, sem, entretanto, perder o entusiasmo para chegar ao objetivo almejado, aprendendo com eles lições inesquecíveis, isto é, que não se repetirão jamais daí para frente!!!

Há quem diga, exagerando bastante, que o sucesso é construído de **99% de fracassos**.

No penúltimo capítulo do livro – o sétimo – comenta-se que depois de muito trabalho, de árdua dedicação, de sobreviver a despontamentos, quando chegam ao sucesso, alguns empreendedores se enebriam com o mesmo a ponto de ficarem descuidados, deixando de ser ágeis nas necessárias e contínuas adaptações que o mercado exige de suas empresas e assim acabam definhando, declinando e até indo para a falência!!!

Pois bem, você caro(a) leitor(a) deve ficar bem atento(a) para esses alertas para que isso não lhe aconteça, **viu?**

No livro 3 – *Trabalhabilidade: A Essencialidade do Aperfeiçoamento* – inicialmente discute-se a importância do **aperfeiçoamento** (ou aprimoramento) para que uma pessoa possa desenvolver as necessárias competências que não poderão ser dos robôs para substituir os seres humanos, pelo menos nos próximos anos...

Claro que isso tem tudo a ver com as principais fases do ciclo de vida de uma pessoa que são: **nascer**, **educar**, **trabalhar**, **amar**, **viajar**, **legar**!!!

É durante a fase nascer que se pode identificar se uma pessoa tem os dons inatos que devem ser aprimorados, bem como talentos que podem (e devem...) ser desenvolvidos através do aprendizado.

Naturalmente é vital saber educar-se e mais especificamente estudar sempre, o que deverá ser feito ao longo de toda a vida da pessoa.

Em outras palavras toda pessoa deve aceitar que agora o aprendizado é para sempre (*lifelong learning*), devendo ser bem orientado para que isto possibilite alcançar a trabalhabilidade (empregabilidade) para as muitas décadas da sua vida, quando ela vai amar, viajar e deixar um legado!!!

Ninguém mais pode considerar que está definitivamente formado em algo!!!

Hoje vivemos numa dúvida se devemos ter uma **especialidade** ou sermos **generalistas**, por isso procurou-se no texto dar algumas orientações de como se deve fazer as escolhas...

O que é preferível dedicar-se mais as *soft skills* ("aptidões socioemocionais") os as *hard skills* ("habilidades técnicas")?

Entre as *soft skills* temos: inteligência emocional, espírito de equipe, empatia, resiliência, pensamento criativo etc.

Já algumas *hard skills* importantes, isto é, competências técnicas são: raciocínio analítico, inteligência artificial, conhecimento de línguas, gestão de projetos, computação em nuvem, manuseio de ferramentas etc.

Claro que as *hard skills* são quantificáveis e bem concretas, enquanto as *soft skills* são mais subjetivas e difíceis de mensurar.

Mas ambas são fundamentais para os profissionais em diversas áreas de atuação!!!

Obviamente quem for uma pessoa talentosa e souber ir se aprimorando corretamente ao longo da vida acabara acumulando ao menos um dos seguintes tipos de capital social: o **intelectual**, o **econômico**, o **social** e o **erótico**, o que naturalmente deixará essa pessoa orgulhosa, entusiasmada e feliz.

Para se tornar um profissional que tenha uma grande trabalhabilidade é importante que ele construa uma **marca pessoal** admirada.

A marca pessoal (*personal branding*) é a percepção que alguém tem sobre você, resultado de como o seu "eu" está representado na mente de outras pessoas.

Toda pessoa que consegue estabelecer uma marca pessoal atraente graças ao seu talento e o seu capital intelectual, acaba facilmente criando um grande capital social valendo-se das redes sociais (e posteriormente isso lhe traz também um capital econômico), com o que ela adquire uma profissão nova, passando a ser chamado(a) de **influenciador(a)**.

Quem continuamente for se aperfeiçoando, agilizando e adaptando, no fundo está seguindo um roteiro que permitirá no mínimo desenvolver bem a sua carreira, aliás como se fosse um *Supereight*, isto é, um reputado profissional ou mentor (*coach*) que usa o método sequencial e repetitivo dos **8Is**, ou seja: **iniciativa**, **informação**, **ideias**, **inovação**, **insistência**, **integração**, **implementação** e **introspecção**, girando sem parar essa "**roda da melhoria**".

Aliás a técnica dos 8Is não é nada mais do que uma expansão do modelo PDCA [*plan* (planeje), *do* (faça) *check* (verifique) e *act* (aja)] que foi popularizado pelo guru norte-americano William Edwards Deming (1900-1993) para se desenvolver melhorias na produtividade e qualidade das empresas.

Finaliza-se o livro, destacando que a chave para a manutenção do sucesso tanto pessoal como profissional é privilegiar sempre os comportamentos ou atitudes caracterizadas pelas palavras que constituem o acrônimo **PREVALECER**, ou seja: **paixão**, **realismo**, **ética**, **visão**, **atitudinal**, **liderança**, **entusiasmo**, **coragem**, **empatia** e **racional**.

Espero que depois de ler com atenção esses três livros, você prezado (a) leitor (a) considere-se com justiça e mérito um integrante da Associação dos Antenados Admirados (AAA).

Note que isso só é possível pois você é um 3A – privilegia a **adaptação**, a **agilidade** e o **aperfeiçoamento**.

Em muitos casos dizer que algo é 3A significa que se alcançou um patamar invejável, ou seja, o "título" 3A indica que se está entre os melhores, os de maior competência.

Isto é o que acontece com o conceito de *triple A* no mercado imobiliário quando se quer referir ao que há de melhor na categoria de empreendimentos, quanto ao nível máximo de qualidade, padrão de construção e tecnologia existente nos sistemas prediais.

Na indústria de *videogames* a classificação 3A é utilizada para os jogos com os maiores orçamentos e níveis de promoção.

De qualquer forma para mim quem for 3A é uma pessoa que busca constantemente se adaptar, agilizar e aperfeiçoar. Esse ser humano merece também ser encarado como sendo alguém **atento**, **atraente** e **agradável**, não ficando abalado pela **aflição** do que fez de errado no passado, pela **angústia**, que é um sofrimento ligado ao presente e nem pela **agonia** (ou ansiedade) provocada pelo temor em relação ao futuro!!!

É oportuno aqui repetir uma parte do lindíssimo poema *O Tempo*, de Carlos Drummond de Andrade (1902 - 1987): "Quem teve a ideia de cortar o tempo em fatias, a que se deu o nome de ano, foi um indivíduo genial.

Industrializou a esperança, fazendo-a funcionar no limite da exaustão.

Doze meses dão para qualquer ser humano se cansar e entregar os pontos.

Aí entra o milagre da renovação e tudo começa outra vez, com outro número e outra vontade de acreditar que daqui para adiante vai ser diferente."

Assim, após a leitura desses três livros, que eu levei um ano para escrever e publicar e acredito que você estimado (a) leitor (a) conseguiu ler em não mais que três semanas, espero que as ideias e conhecimentos que assimilou o (a) tornem um (a) profissional **super 3A!**!!

Inspire-se nas diversas sugestões destacadas nos livros para orientar de forma exitosa sua carreira profissional e sua vida pessoal, voltada sempre para um **propósito** que lhe permita deixar um grande **legado** para os que conviveram contigo e os que virão depois.

Essa é a nova etapa de vida que lhe desejo, viu!

Victor Mirshawka

Capítulo 1

A IMPORTÂNCIA DO APERFEIÇOAMENTO PROFISSIONAL

O notável polonês Zygmunt Bauman destacou: "Somos permanentemente verificados, testados, avaliados, apreciados e julgados." Por isso é preciso **aperfeiçoar-se** continuamente.

Entre diversos sinônimos ou palavras com as quais se relaciona o aperfeiçoamento temos: aprimoramento, apuramento, especialização, desenvolvimento, engrandecimento, refinamento etc.

Obviamente o objetivo do aperfeiçoamento é o de tornar-se melhor, exímio em alguma coisa e isso naturalmente exige aprofundamento e muito treinamento como bem relatou o canadense Malcolm Gladwell no seu livro *Fora de Série – Outliers* (publicado em 2008, e que ficou mais de cinco anos entre os mais vendidos, especialmente nos EUA). Entre as principais questões que estão respondidas nesse livro estão:

- O que faz com que certas pessoas alcancem um sucesso tão grandioso a ponto de serem denominadas de "**fora de série**"?
- Você acredita que trajetórias como as dos gênios, nas mais diversas áreas, se devem apenas ao talento?

Para Malcolm Gladwell, mais importante do que entender como essas pessoas se comportam agora, é saber qual é a cultura delas, o período em que nasceram, onde isso aconteceu, os amigos que tiveram e a influência que tiveram da sua família.

O modo como os filhos são criados impacta diretamente no sucesso deles (vamos entrar em mais detalhes sobre isso no capítulo 2). As crianças, mesmo que sejam geniais, se não puderem contar com um ambiente famiiar favorável para o desenvolvimento de suas capacidades não alcançam o sucesso quando crescem!?!?

Sem dúvida quando uma pessoa encontra a atividade pela qual nutre **paixão**, a sua possibilidade de chegar ao sucesso aumentar drasticamente. Indiscutivelmente quem se sentir **realizado no trabalho**, mais inspirado e criativo se torna, o que faz com que essa pessoa desenvolva cada vez mais suas habilidades. Além disso, um **trabalho feito com propósito**, mesmo que seja bastante desafiador e difícil, gera maior senso de satisfação e oportunidade para quem o realiza.

Malcolm Gladwell afirmou no seu livro que apesar de não serem fatores determinantes para o sucesso de alguém, a sua classe social, a sua raça e a cidade (país) em que a pessoa nasceu afetam a possibilidade dela ser bem-sucedida na vida, pois estão vinculadas a grandes oportunidades (ou não as permitem...).

Ele chamou isso de **sorte aleatória**, isto é, a sorte que é diferente da "**criada por você**", o seja, aquela que é baseada nas suas escolhas. Claro que a sorte aleatória é algo que fugiu do seu controle, porém muitas pessoas foram ajudadas (e muito...) por ela no que se refere à educação, empregos e a oportunidades, o que lhes facilitou muito as suas vidas.

Não se pode esquecer que a cultura na qual alguém vive e foi criado, isso influencia muito suas crenças, valores e atitudes, o que acaba se refletindo na busca do sucesso. Por exemplo, se você nasceu em uma cultura em que o medo imperava, acaba se tornando menos **ousado** e se **arrisca menos**, o que sem dúvida compromete bastante para que alguém se destaque, pois falta-lhe a "**coragem**" para aproveitar certas oportunidades que têm seus perigos...

Um outro exemplo da influência da cultura é o que se observa nas crianças de vários países asiáticos que sabem (várias gerações delas...) que o sucesso é derivado do **esforço e do trabalho duro**. **Elas sabem que quanto mais estudarem mais sucesso terão**!!!

Porém não se pode esquecer que dominar por exemplo a **matemática** (como mostram os alunos chineses, coreanos, japoneses etc., nas avaliações internacionais) tem muito mais a ver com atitude e disciplina do que com suas aptidões naturais. E por sua vez, para alguém saber resolver problemas complexos são fundamentais a persistência e o otimismo.

Ter um alto quociente de inteligência (QI) é uma vantagem que possuem certas pessoas, mas isso até certo ponto, pois segundo Malcolm Gladwell, todos aqueles que alcançam 120 ou mais pontos em QI não tem por causa disso um significativo aumento nas suas possibilidades de sucesso, especificamente em sua vida profissional, conquistando os melhores empregos ou estabelecendo uma **trabalhabilidade admirável**.

Na realidade é a **criatividade** (por isso se falou tanto dela no livro 2) que tem um papel crucial na realização de fatos grandiosos, nas invenções e nas **inovações**. Muitas pessoas, quando observam os gênios e pessoas de sucesso, tendem a dar-lhes crédito de seus feitos por causa de **dons inatos** e características de nascença.

Malcolm Gladwell procurou desconstruir esta crença através da "sua" **teoria das 10.000 h**, isto é, para que você se torne um **mestre** em alguma **área de atuação** precisa investir ao menos 10.000 h de sua vida praticando essa arte. Apesar da genética influenciar de certa forma a inteligência dos seres humanos, para Malcom Gladwell a genialidade que algumas pessoas alcançam é **fruto de prática e dedicação extremas**.

OBSERVAÇÃO IMPORTANTE (OI)

Falando-se de **aperfeiçoamento**, vale a pena meditar sobre a seguinte **fábula**!!! Conta-se que alguns bichos resolveram criar uma escola, uma vez que o meio em que viviam estava se tornando **demasiadamente complexo**, o que não lhes permitia mais viver bem – ou sequer sobreviver – mantendo apenas suas **aptidões inatas**.

Por isso deviam voltar para a escola, na qual pudessem se adaptar e se preparar convenientemente para as novas estruturas do ambiente. E deviam ir para uma escola que tivesse um corpo docente ótimo, com professores com muitos títulos e na qual o seu currículo fosse voltado para: nadar, correr, voar, galgar morros e superar empecilhos com eficiência.

Os primeiros alunos da escola foram: o cisne, o coelho, o gato e o pato. Começando o curso, cada mestre mostrou-se preocupado com a matéria que lecionava de forma apressada e um tanto rude para fazer jus ao tempo pelo qual era pago... Com isso, com o passar das aulas, os alunos foram se desencantado com o seu próprio aprendizado. Vejamos então o caso particular de cada aluno.

O cisne, em suas aulas de corrida, voo e subida de morros, apesar de todo o seu esforço, era um mau aluno. Tirava notas péssimas e revelava pés ensanguentadas e as asas já sem penas, perdidas na ânsia de querer voar rapidamente e cada vez mais alto. O pior é que com todo o esforço, nessas disciplinas começara a nadar pior, uma arte na qual era exímio!?!?

O coelho, por sua vez, padecia nas matérias de nadar e voar, mas ninguém podia ser dispensado de nenhuma matéria! Ele se perguntava como poderia voar se nem tinha asas? Em se tratando de nadar a coisa era quase igualmente difícil para o coelho, se bem que um pouco menos que na disciplina anterior. O que o salvava nas notas era sua capacidade de correr e superar obstáculos, pois em nado sua nota o levaria à reprovação.

O gato tinha praticamente o mesmo problema do coelho em se tratando de nadar e voar. Aliás, **como ele poderia voar se nem possuía asas?** Ele insistia com o mestre que se pudesse voar de cima para baixo até poderia alcançar relativo êxito, mas o professor não aceitava tal condição, pois essa prática não estava de acordo com o programa oficial, a ser cumprido rigorosamente.

Por último havia o pato, que era um aluno **medíocre** em tudo: voava um pouco, corria mais ou menos, nadava de forma razoável (mas pior que o cisne) e escalava com certo embaraço. Sua média geral, entretanto, era a maior de todos, pois, ao contrário do coelho e do gato ela não tinha reprovações. De fato, na estatística final, sua mediocridade em tudo o **tornava comparativamente brilhante**.

Por conta disso – e apesar das reclamações do coelho, do gato e do cisne –, o pato foi o escolhido como **orador** da turma e todos os insatisfeitos tiveram de se conformar: o pato havia alcançado uma **média superior àquela de todos os demais alunos**!!!

Caro (a) leitor (a), **será que essa fábula não o (a) faz recordar de sua própria trajetória no seu curso de graduação em busca do sucesso no mercado de trabalho?**

Sem dúvida, o aperfeiçoamento é indispensável para quem quer impulsionar cada vez mais a sua carreira e inclusive se tornar uma pessoa admirada pelas pessoas com as quais convive e com as quais tem algum tipo de relacionamento. Se você não acredita plenamente nisso, medite um pouco sobre o que disseram a respeito dessa questão nos últimos séculos algumas pessoas consideradas sábias:

- William Shakespeare (1564-1616), o maior escritor do idioma inglês e o mais influente dramaturgo do mundo: "Ninguém poderá jamais **aperfeiçoar-se** se não tiver o mundo como mestre. A experiência se adquire na prática."
- Mariano José Pereira da Fonseca (1773-1848), o marquês de Maricá, escritor, filósofo e político brasileiro: "Os nossos inimigos contribuem mais do que se pensa para o nosso **aperfeiçoamento moral**. Eles são os historiadores dos nossos erros, vícios e imperfeições."
- Paulo da Silva Prado (1869-1943), escritor paulistano: "Perca tempo apenas para se **aperfeiçoar**. Não perca tempo com coisas que não dão retorno."
- Carlos Drummond de Andrade: "Perder tempo em coisas que não interessam priva-nos de descobrir coisas interessantes."
- Tenzin Gyatso, o 14º dalai-lama (líder espiritual do Tibet), disse: "Se você quer transformar o seu mundo experimente primeiro promover o seu **aperfeiçoamento** pessoal e realizar inovações no seu próprio interior."
- Russell Lincoln Ackoff (1919-2009) o norte-americano, pioneiro no campo da pesquisa operacional, pensamento sistêmico e ciência da questão: "**Aperfeiçoar** é pensar sem restrições. Pensar sem restrições é pensar criativamente."
- O médico e biólogo brasileiro Alírio de Cerqueira Filho: "Deus não nos criou perfeitos, mas passiveis de **aperfeiçoamento**, porque devemos ser responsáveis pela nossa própria evolução com tudo que existe na natureza."

Você sabia que os macacos conseguem utilizar-se de certos artefatos para facilitar sua própria vida... Até há poucos anos, os biólogos acreditavam que o ser humano fosse a única espécie a fazer uso exclusivo de ferramentas. Hoje, entretanto, sabemos que muitos mamíferos, aves, peixes e até insetos usam objetos em seu *habitat*. Não lhe parece que nas duas ilustrações apresentadas [a) e b)], ambos os macacos estão pensando em como aperfeiçoar algum objeto capaz de abrir castanhas ou outras oleaginosas?

- Paulo Ursaia, poeta e escritor campineiro: "Quem busca **aperfeiçoar-se** precisa entender que a real beleza não está naquilo que seus olhos lhe permitem ver, mas sim no que o seu cérebro lhe possibilita captar e compreender."
- O poeta Tell Anderson: "O **aperfeiçoamento** é a base do sucesso de um grande profissional."
- Rogério Lima Manganelli, guitarrista e cantor brasileiro: "Nunca haverá o fim do **aperfeiçoamento** profissional para aquele que deseja se superar todos os dias."

BRILHE 1

Aí vão alguns desafios matemáticos:

a) Você é capaz de em não mais que 10s dizer quanto é a soma dessas duas frações?

$$\frac{148}{296} + \frac{148}{296} \ ?$$

b) Represente todos os dígitos 0,1, 2, 3, 4, 5, 6, 7, 8, 9 através do uso do número 2 exatamente cinco vezes, em várias operações (somar, subtrair, multiplicar e dividir) dentro de uma expressão aritmética.

c) Você consegue provar que **2+2 = 5**?

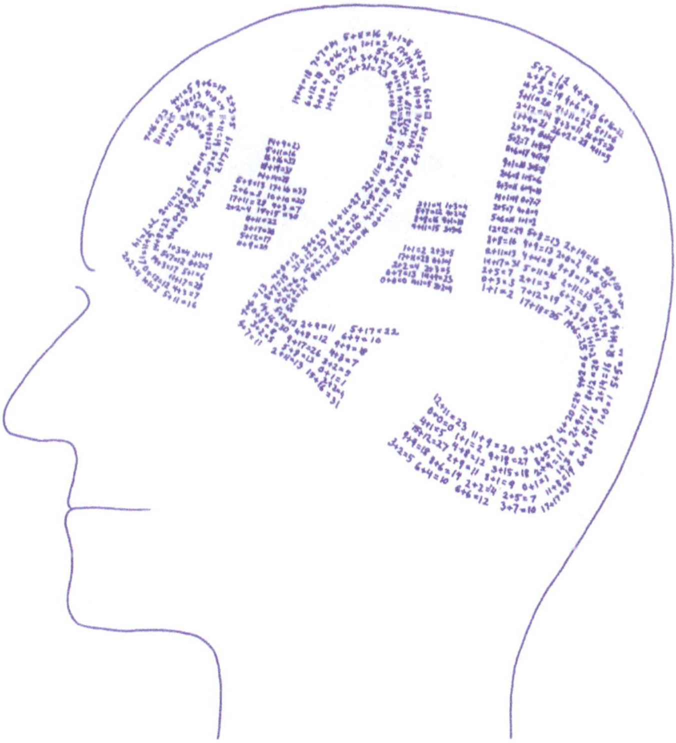

d) O que você deve fazer para confirmar a **veracidade** das seguintes expressões matemáticas, introduzindo apenas novas operações elementares com os números da esquerda:

2 + 4 = 20

5 + 2 = 29

7 + 3 = 58

8 + 4 = ?

Naturalmente tudo deve ser tão claro como "**2 + 2 = 4**"! Isso obviamente o (a) ajudará a descobrir o número que falta na quarta linha!!!

e) Quais são os três números diferentes escolhidos entre **1, 2, 4, 6, 8, 9** que devem ser inseridos nos vértices do triângulo para que as três somas em suas laterais alcancem o resultado **13** (figura abaixo).

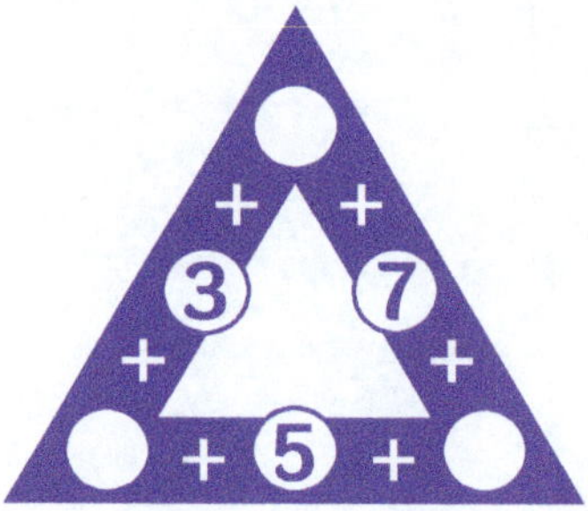

Por fim, **feliz** é aquela pessoa que sempre tem o que **aperfeiçoar**, pois a que já se considera suficientemente perfeita não chegará a lugar nenhum!?!? Todo aquele que busca aperfeiçoar-se, porém, deve compreender bem as seguintes frases:

1ª) Eu sei o que sei.

2ª) Eu sei o que não sei.

3ª) Eu não sei que sei.

4ª) Eu não sei que não sei.

A primeira frase certamente significa que seguimos o "conselho" do filósofo chinês Confúcio (552 a.C. – 489 a.C.), que disse: "Eu ouço e esqueço. Eu leio e compreendo. Eu vejo e lembro. Eu faço e aprendo." Também significa que estamos conseguindo um aperfeiçoamento com retenção do conhecimento.

BRILHE 2

Aí vão alguns diálogos um tanto quanto sarcásticos, bem como as explicações bem diferenciadas. Leia tudo com atenção e sorria sempre que for o caso, **viu?**

a) Um médico comentando o que está ocorrendo com seu paciente: "Já tratei de dois casos iguais ao seu: um morreu, o outro ficou louco. Quero ver se desempato agora!?!?

b) Depois que a gente passa dos setenta anos, não deve mais perguntar a outra pessoa da mesma idade como ela vai, e sim onde dói, viu?.

c) Como é que se pode explicar de forma "divertida" a importância da manutenção numa empresa? É fácil: "Quando tudo vai bem, ninguém lembra que existe. Quando algo vai mal, dizem que não existe. Quando se pretende reduzir gastos, considera-se que não é preciso que exista. Porém, quando realmente não existe, todos concordam que **deveria existir**!!!"

d) O que você acha desse papo corajoso entre um casal?

Romeu: "Você está me chamando de idiota? Como isso aconteceu só depois de 20 anos de casados?"

Julieta: "Você tem razão. Eu sinto muito. Não deveria ter esperado tanto tempo assim?"

e) Num país que tem a fama de que algumas pessoas (talvez até muitas...) sejam um tanto quanto estúpidas (ou totalmente "burras")...

O cliente diz: "Garçom, por favor, traga-me uma garrafa de vinho tinto!

O garçom pergunta: "Que ano?"

O cliente aborrecido responde: "Neste ano! Quero bebê-lo agora, no almoço!?!?'

f) Numa conversa com uma recomendação irrefutável...

O chefe diz: "Você está sugerindo que o Soneca seja promovido? Eu não acredito. Ele é o nosso empregado mais preguiçoso!"

O supervisor justifica: "Isso é um fato, porém, o seu ronco faz com que todos os outros fiquem acordados!!!"

g) Numa nova oportunidade surge outra indecisão:

O supervisor questiona: "E se investirmos nas pessoas e ela forem embora da empresa?"

O chefe explica: "E se não investirmos nelas e elas ficarem?

Se você acha caro manter um bom profissional, não faz ideia de quanto lhe custará a improdutividade dos amadores e dos pouco competentes!?!?"

h) Aí vão algumas definições "engraçadas":

Indivíduo bem conformado ou "ajustado" – Alguém que está apto a cometer o mesmo erro, ano após ano, sem ficar aborrecido.

Otimista – Todo aquele com pouca experiência.

Nostálgico – Aquele que acha o passado perfeito e o presente tenso.

Anestesista – É aquele profissional que trabalha meio acordado, tentando manter outro alguém meio acordado!!

i) Um conselho médico para quem, numa fase inadequada da vida, só pensa em sexo:

O médico enfatiza: "Eu lhe sugiro desistir de metade de sua vida sexual!?!?"

Relutante, o paciente idoso questiona: "De qual metade devo desistir? Daquela que eu fico pensando ou daquela sobre a qual fico falando?"

Como é, deu para sorrir com algumas dessas piadinhas?

Já a segunda frase, atribuída ao filósofo grego Sócrates (470 a.C. – 399 a.C.), expressa o seguinte: "**Só sei que nada sei!!!**" Porém, o objetivo de Sócrates ao dizê-lo era "**que não sabia nada por completo**" (!?!?) E, de fato, esse alerta foi importante para que as pessoas soubessem que elas têm a capacidade de perceber que não sabem muitas coisas de forma profunda, e que a vida é uma eterna professora, enquanto elas, **eternas aprendizes**!!!

BRILHE 3

Na realidade, o que Sócrates achava era o seguinte: "Só sei que nada sei por inteiro. Só sei que nada sei por completo. Só sei que nada sei que eu saiba. Só sei que nada sei que a outra pessoa não saiba. Só sei que nada sei que um dia não possa vir a saber."

Em sua época, a frase Socrática "Sei que nada sei" gerou muita polêmica, mas atualmente ela é aceita pela maioria das pessoas, sem qualquer discussão!?!? E decorrente dessa frase temos os seguintes conselhos úteis:

- "Pode-se resumir em duas palavras tudo o que o indivíduo aprende sobre a vida: '**Ela continua...**'"
- "Como culpar o vento pela desordem feita, se fui eu que deixei a janela aberta?"
- "Você nunca será bom o suficiente para todos, mas sempre será perfeito para aquela pessoa que te merece."
- "Como é lindo ficar em silêncio quando alguém espera que você fique com raiva."
- Se você vacila com a pessoa certa, a errada te ensinará como pode doer."
- Por que você não ri 5 vezes da mesma piada, mas chora 10 vezes (ou mais) pelo mesmo motivo?"

Será que você, prezado (a) leitor (a) pode pesquisar pelo menos mais seis "conselhos" ou "alertas" semelhantes!?!?

A terceira frase pode ser interpretada como representativa de nossa **incompetência consciente**, em particular sobre os nossos talentos, que eventualmente poderão ser descobertas por outras pessoas – e inclusive apontadas por elas. E, por fim, a quarta frase se refere à nossa **incompetência inconsciente**, ou seja, uma situação que não se consegue "modificar" facilmente com nenhum tipo de aperfeiçoamento...

OI

Em nossa vida devemos ter em mente a seguinte sabedoria oriental para que acreditemos mais em nós mesmos:

"Todo ser humano pertence a uma dessas seis classes:

1ª) O indivíduo que não sabe, e não sabe que não sabe. Esse é um tolo que se deve **evitar**.

2ª) Aquele que não sabe e pensa que sabe. Esse tipo também é bem perigoso, de quem devemos nos **afastar**.

3ª) Aquele que não sabe e sabe que não sabe. Esse é o tipo ignorante que deve ser **instruído**.

4ª) Aquele que sabe e não sabe que sabe. Esse é o tipo adormecido que deve ser **despertado**.

5ª) Aquele que sabe e pensa que sabe mais do que sabe. Ele é o tipo orgulhoso contra o qual se deve **precaver**.

6ª) Aquele que sabe que sabe o que sabe. Ele é um sábio que se deve **seguir**."

Caro (a) leitor (a), você se inclui em que classe? Com que tipo de pessoas você tem lidado mais ultimamente?

Além disso, todo aquele que deseja ter sucesso em sua carreira e sua vida deve investir para que tenha a maior quantidade de conhecimentos, em especial os contemporâneos, para que seja grande a possibilidade desse indivíduo poder usar a primeira frase em suas diversas atividades.

Claro que para que isso possa acontecer e imprescindível que ele esteja continuamente se aperfeiçoando. Quando se vive numa nação democrática, em que os cidadãos têm diversos direitos, todos se sentem estimulados a se aperfeiçoarem continuamente, **não e mesmo?**

Dentre os direitos que todos os cidadãos possuem – pelo menos em teoria –, estão:

- Direito à educação e cultura.
- Direito ao trabalho e a bons empregos.
- Direito a assistência médica.
- Direito a moradias de qualidade.
- Direito ao amor e a relacionamentos afetivos.
- Direito ao aprendizado de idiomas.
- Direito a viajar.
- Direito a sonhar.
- Direito a envelhecer e a deixar seu legado.

Mas será que de fato todos os brasileiros têm esses direitos em nosso País?

OI

Certa está a pessoa que sabe que sempre tem de se **aperfeiçoar**, e **errada** aquela que acredita que já sabe o **suficiente**, pois se tornará cada vez mais ignorante, o que provavelmente a atrapalhará muito no que se refere a **trabalhabilidade/empregabilidade**.

E sobre conhecimento e ignorância um quarteto de possibilidades já foi devidamente destacado:

Sei que sei!

Sei que não sei!!

Não sei que sei!!!

Não sei que não sei!!!!

Lamentavelmente, na agitada vida na 3ª década do século XXI, há ainda muita gente que não percebeu que está sabendo cada vez **menos** do extraordinário arcabouço de conhecimentos desenvolvido pela humanidade. O que sabe frequentemente sabe mal, e é preferível nesse caso até não saber...

No que se refere ao não sei que sei, resta a esperança de que alguém note essa aptidão, habilidade ou talento que possuímos e nos ajude a cultivá-lo!!! Finalmente, o "não sei que não sei" nos leva a uma **ignorância inconsciente**, que pode até ser benéfica em alguns casos, mas há hoje muita coisa que permite contorná-la...

Dani Black, cantor, compositor e guitarrista brasileiro, compôs a seguinte letra para a canção *Sei que não sei*...

Quando sei que sei eu não sei

Eu só sei quando sei que não sei

Quando sei que sei eu não sei

Eu só sei quando sei que não sei

Quando eu sei que eu não sei

Ignoro o mistério no raiar do dia

Julgando saber já não sei

Aquilo que de mais libertador eu sabia

Que eu não sei, não soube, nem saberia

Jamais saberei

Quanto mais na vida nada eu sei

Na vida mais sábio serei

Sei, sei, sei, sei, sei, sei

Sei, sei, sei. Já sei!

Sei, sei, sei, sei, sei, sei

Eu tô achando mesmo que sei

Mas na verdade eu não sei.

Isso nos leva a uma questão provocativa: "Há alguém interessado na ignorância?" Bem, o neurocientista Stuart Firestein, autor do livro *Ignorância*, afirmou que o verdadeiro néctar da ciência é o "**não sabe**" (o desconhecimento ou a ignorância), não o **conhecimento**!?!?

Aliás, numa tentativa de explicar como os cientistas usam a sua ignorância para planejar seu trabalho e identificar o que deve ser feito, ele salientou: "No final das contas, o trabalho deles é como procurar um gato preto em um quarto escuro, sem saber se o gato está lá!!!" Se você ler o livro *O Poder da Ignorância*, cujos autores são Chris Gibbs e T.J. Dawe, acabará se convencendo que deve **cultivar** sua ignorância natural, **desenvolver** sua ignorância potencial e assim poderá **vislumbrar** a profunda vastidão de ignorância que constitui quase a totalidade da sua mente.

E por incrível que pareça há muita gente que acha que ser **ignorante**, é vantajoso sob muitos aspectos (por exemplo não sofrer com as crises que, inclusive, não temos nenhuma condição de evitar...)!?!? Mas isso vai no sentido contrário ao que foi ensinado para o (a) caro (a) leitor (a), quando se afirmou que a chave do sucesso está no conhecimento, **não é mesmo?**

Os autores do livro *O Poder da Ignorância* destacaram que para ter uma vida saudável e viver melhor a chave está em alcançar um **equilíbrio** entre o conhecimento e a ignorância (que como já foi dito pode não ser tão ruim...) E isso porque existe um mundo acessível mediante o poder da ignorância, e vale a pena se tornar um "**ignomestre**", ou seja, um **mestre em ignorância**!!!

Mas neste sentido é preciso, especialmente agora, desenvolver a capacidade de, tendo à sua disposição uma grande quantidade de material informativo, **saber ignorá-lo** quase completamente!?!? Note-se que a **ignorância** é uma constante na experiência humana (ainda mais com o incremento exponencial das coisas novas que surgem...) e devido a sua própria natureza, ela **jamais** poderá **ser eliminada**!!!

Nós não sabemos e não podemos saber aquilo que não sabemos (a nossa ignorância inconsciente...), ou seja, nos somos ignorantes a respeito da nossa ignorância. E se você é ignorante a respeito de sua própria ignorância, então não há jeito de não ser ignorante acerca da **ignorância de sua ignorância**!!! Isso pode se chamar de "**ignorância elevada ao quadrado**", viu?

BRILHE 4

Aí vão 10 perguntas que irão te ajudar a descobrir mais paixões, valores e motivações. Provavelmente te auxiliará a descobrir o seu **propósito de vida** (se ainda não estabeleceu...)

a) O que faz você se sentir vivo, isto é, o que você mais ama fazer?

b) Se ninguém fosse te ajudar, o que de mais louco você faria?

c) Quais são as coisas mais incríveis que você já realizou até agora?

d) Quais são as coisas que você faz com mais facilidade?

e) Se não tivesse nenhum tipo de limite na sua vida, e pudesse fazer tudo o que quisesse, o que faria?

f) Se a sua vida fosse uma mochila, o que você não levaria nela, para que ficasse mais leve?

g) O que você faria se ganhasse numa loteria R$ 1 bilhão?

h) Quais foram os momentos de sua vida em que se sentiu perdido?

i) Qual é o passo mais certo que você pode dar na direção do seu sonho?

j) Quem você mais admira?

Bem, as respostas são de cada leitor(a), mas no final do livro darei alguns "pitacos orientativos" para esse **BRILHE**!!!

CAPÍTULO 2

UM CICLO DE VIDA COM PROPÓSITO

O nosso ciclo de vida é influenciado ou depende muito de certos **verbos** – que correspondem aos eventos vividos ou atitudes tomadas pelas pessoas – e, entre eles, os mais importantes são: **nascer, educar, trabalhar, amar, viajar** e **legar**.

É no decorrer dessas ações que conseguimos desenvolver um **propósito** (ou **propósitos**...) que justificam e caracterizam a nossa existência. Há quem simplifique bastante o ciclo da vida reduzindo-o a três etapas – **nascer, viver** e **morrer** – e aí continuamente faz a provocação: "Como são só essas três etapas, por que não aproveitá-las enquanto estivermos vivos?"

Mas para aproveitá-la precisamos conquistar a condição para fazê-lo durante o tempo que vivermos, que felizmente está se tornando cada vez **mais longo para os seres humanos**!!! Na vida nós não podemos pular etapas. Aliás, não se começa a construir uma casa pelo telhado... Tudo exige uma estrutura, **uma preparação, não é?**

OI

O que você acha dessa fábula sobre a idade do homem?

"Deus criou o burro e disse:

— Obedecerás ao homem, carregarás fardos pesados nas costas e viverás 40 anos. Serás o **burro!!!**

O burro virou-se para Deus e disse:

— Senhor! Ser burro, obedecer ao homem, carregar fardos nas costas e viver 40 anos? É muito, Senhor! Bastam-me apenas 20 anos.

Deus assentiu, então criou o cachorro e disse:

— Comerás o osso que te jogarem no chão, tomarás conta da casa do homem e viverás 20 anos. Serás o **cachorro!!!**

O cachorro virou-se para Deus e disse:

— Senhor! Tomar conta da casa do homem, comer o que me jogarem no chão e viver 20 anos? É muito, Senhor. Bastam-me 10 anos.

Deus concordou, em seguida criou o macaco e disse:

— Pularás de galho em galho, farás macaquices e viveras 30 anos. Serás o **macaco!**

O macaco virou-se para Deus e disse:

— Senhor! Pular de galho em galho, fazer macaquices e viver 30 anos? É muito, Senhor. Bastam-me 20 anos.

E Deus aceitou o pedido, finalmente fez o homem e disse:

— Serás o "rei dos animais". Dominarás o mundo, serás inteligente e viverás 30 anos!?!?

O homem virou-se para Deus e disse:

— Senhor! Os 30 anos que o burro não quis, os 10 anos que o cão recusou e os 10 anos que o macaco não quis, dai-me a mim, Senhor, para que eu viva pelo menos 80 anos!!!

E Deus atendeu ao homem. Assim, até os 30 anos o homem viveu uma vida muito alegre e agitada, a vida que Deus lhe dera para ser **homem**... Então, dos 30 anos aos 60 anos o homem casou e carregou muitos "fardos nas costas" para sustentar sua família. Foi o **burro**! Dos 60 aos 70 anos, já cansado, passou a tomar conta da casa. Foi o **cachorro**!! Dos 70 aos 80 anos, mais cansado ainda, passou a viver aqui e ali, na casa de um filho ou do outro (e até em asilo...), a fazer gracinhas. Foi o **macaco**!!!

Essa é a realidade da vida. De nada adianta durante um tempo ter poder, sentir-se vaidoso e orgulhoso e até ter algum dinheiro, se no final das contas a maioria dos pobres homens passará por todas essas fases!?!? Mas e você, estimado leitor, em que fase está agora?

Para tudo há um tempo determinado e mais apropriado!!! Claro que nunca ninguém deve esquecer de viver, ou seja, *carpe diem*, uma locução latina cujo significado é: **goze o momento atual, pois a vida pode ser curta**!?!? Creio, entretanto, que viver sem saber para onde se vai ou qual o objetivo das coisas, deixa qualquer pessoa desorientada!?!?

Por isso, é preciso ter uma **vida com propósito**. Isso naturalmente envolve um planejamento de longo prazo para que as pessoas possam realizar **grandes coisas**!!! E por grandes não me refiro ao tamanho, mas à forma como elas irão nos impactar e impactar o ambiente em que vivemos.

Assim, o **propósito de vida** não significa necessariamente realizar grandes projetos, desenvolver ideias extraordinárias ou chegar a inovações incríveis. Ao contrário, muitas vezes ele está ligado a tarefas e valores que dão consistência ao dia a dia de uma pessoa. Portanto, criar e educar bem os filhos, ensiná-los, curá-los e gerar empregos para eles abrindo empresas, são exemplos de **propósitos valiosos**.

O propósito de cada um é o seu **tesouro**. E note uma vida sem propósito é uma vida sem conquistas!!! Algumas pessoas têm a **sorte** de encontrar seus propósitos bem cedo na vida; outras passam a vida inteira sem "descobrir" seus propósitos e, por conta disso, não dispõem de **sentido**, tampouco demonstram **comprometimento**!!!

Não passe a sua vida sem realizar seu (s) propósito (s) para não chegar no final dela com a seguinte conclusão:

Essa vida foi uma bosta!

No que se refere a encontrar o seu propósito na vida, uma pessoa não deve achar que com ele obrigatoriamente tem que "mudar o mundo" e que ele simplesmente acabara caindo no seu colo com o passar da vida ou ainda que vai ser apenas um ao longo da vida!!! Somos seres extremamente complexos e **não nascemos prontos**, por isso vamos nos construindo ao longo dos anos!!!

Cada pessoa acaba sendo a soma (ou até mesmo a multiplicação) de todos os estímulos que recebe no decorrer de sua vida, e somente a partir dessa vivência que poderá escolher seu propósito (ou seus propósitos) – é você que os constrói!!!

E quando se fala em **propósito de vida**, não se pode deixar de mencionar a palavra *ikigai*, um termo japonês que representa o "motivo pelo qual alguém se levanta da cama todos os dias, ou seja, a sua **motivação para viver**." Partindo dessa noção, vários autores e especialistas, disseminaram principalmente nessa última década o *ikigai*, como uma verdadeira filosofia de vida, ressaltando que para **viver mais e melhor** é necessário encontrar **um ou mais propósitos**!!!

Francesc Miralles e Héctor Garcia, autores do livro *Ikigai: Os Segredos dos Japoneses para uma Vida Longa e Feliz* (publicado em 2018), destacaram: "Quando você encontra algo que dê sentido à sua vida, isso o faz seguir em frente e o mantém motivado."

Ressalte-se que eles escreveram esse livro, depois que foram estudar o que ocorria no povoado de Ogimi, localizado no arquipélago de Okinawa, que tinha entre os seus cerca de 3.000 habitantes, o maior número de pessoas idosas (com mais de 100 anos) do planeta!!! E um detalhe muito importante é que essas pessoas idosas desfrutavam de uma vida bem **saudável**, sendo que raramente adoeciam ou ficavam acamadas!!!

Os pesquisadores ficaram **perplexos** com a atividade, motivação e felicidade desses idosos de Ogimi fundamentadas, no que se estabeleceu ser a **filosofia *ikigai***, que recomenda **nunca se aposentar**, exercitar-se sempre (tanto o corpo como a mente), manter a calma em todas as atividades, facilitar a própria digestão, cercar-se de amigos, sorrir com frequência, reconectar-se com a natureza, mostrar gratidão pelo que a vida lhe oferece e valorizar ao máximo o momento presente, fazendo sempre o melhor para que todo dia seja bem lembrado!!!

Na busca do *ikigai* e fundamental ter respostas claras para quatro tópicos: **paixão**, **missão**, **vocação** (talento) e **profissão**. O seu *ikigai* está na

intersecção desses quatro elementos!!! Na realidade para encontrar o propósito de vida é vital ter uma alta dose de autoconhecimento. É **necessário mergulhar em si** e descobrir seus valores, talentos, ansiedades, preocupações etc., enfim, tudo aquilo que pode servir aos outros e à sociedade dando a você um objetivo maior para existir.

Para tanto, deve-se obter respostas claras para outras quatro perguntas:

1ª) **O que você faz bem?**

2ª) **O que você ama?**

3ª) **O que o mundo precisa?**

4ª) **Pelo que você pode ser pago?**

Pois bem, conforme as diferentes intersecções entre as perguntas, você encontrará as respostas necessárias: sua **paixão**, por exemplo, está na **intersecção** entre suas respostas para a 1ª e 2ª perguntas; sua **missão** naquela entre as respostas para a 2ª e a 3ª perguntas; sua **vocação** (ou seu talento) surge da intersecção entre a 3ª e a 4ª perguntas; e, por fim, sua **profissão** advém das respostas obtidas na intersecção entre a 4ª e a 1ª perguntas!?!?

Mas se mesmo diante de todas essas informações você ainda tiver dificuldade para encontrar seu propósito de vida, não se alarmem!?!? Você próprio poderá defini-lo!!! Isso mesmo! Você pode escolher o que deseja fazer durante a sua vida!!! E fara isso ao passar pelas seguintes etapas:

a) O chamado dos filhotes para poderem sobreviver.

b) A maior maravilha da natureza.

O futuro dos que nascem depende muito dos que cuidam deles no início de suas vidas!!!

I) NASCER

Após nascer, a pessoa passa a ter uma vida exterior!!! Inicialmente vale a pena refletir sobre o que disseram sobre o nascimento algumas personalidades:

- Jean de La Bruyère (1645-1696), um moralista francês que enfatizou: "Só existem três acontecimentos importantes na vida: nascer, viver e morrer... Não sentimos o primeiro... no viver sofremos porque temos que morrer... ao morrer, geralmente, observamos que esquecemos de viver como se deveria viver..."
- Jean-Jacques Rousseau (1712-1778), importante filósofo e escritor, que destacou: "A educação do ser humano começa no momento de seu nascimento, antes de falar, antes de entender, já se instrui."
- Albert Einstein (1879-1955), o genial físico teórico alemão, que advertiu: "Estranha criatura o ser humano. Não pede para nascer. Não sabe viver e não quer morrer!!!"
- Carl Gustav Jung (1875-1961), psiquiatra e psicoterapeuta suíço, que declarou: "O mundo no qual penetramos pelo nascimento é brutal, cruel e ao mesmo tempo, de uma beleza divina!"
- Mário de Miranda Quintana (1906-1994), poeta e jornalista brasileiro, que falou: "Nascer é uma personalidade. Viver é um risco. Envelhecer e um privilégio."
- Francesco Alberoni, jornalista, escritor e professor italiano, que explicou: "A vida humana não tem apenas um nascimento, ou só uma infância; ela é feita de vários renascimentos e várias infâncias."

- Já o "psicoterapeuta" alemão Anton "Suitbert" Hellinger (1925-2019), observou o seguinte: "O nascer **não é passivo**. Quando estamos no útero de nossas mães, e chega a hora do nascimento, se permitirmos à natureza manifestar-se através do parto normal, seremos os grandes responsáveis pelo impulso que nos dirigirá para a vida autônoma fora do útero materno. Por intermédio da força que fazermos, conquistamos um novo lugar, um novo mundo e muito maior, e então podemos olhar a face daquela que nos carregou dentro de si por tanto tempo. Conseguimos assim, juntamente com nossas mães, experimentar este primeiro grande sucesso!!!"

Pois é, desde o momento que saímos do conforto da barriga de nossas mães, temos de nos **adaptar** a uma nova forma de nos alimentar e à **claridade** provocada pela luz, por exemplo. E a partir daí no adaptamos sem parar, adequando-nos às diversas circunstâncias da vida.

Aprendemos a andar, abrindo mão da segurança do colo materno; começamos a vivenciar experiências desagradáveis, como quedas e muitos outros deslizes que nos machucam. Daí em diante passamos a encarar todas as novas adaptações, como oportunidades para a própria evolução!!!

Em nosso País (e isso também se aplica a muitas outras nações do mundo...) não podemos esquecer que o futuro de uma criança esta em grande parte determinada pelas condições socioeconômicas de cada família, no momento do nascimento e doravante...

Como a **mobilidade econômica** e **social** no Brasil ainda é baixa, quem tem a "sorte" de nascer numa família rica seguramente terá muito mais facilidade para alcançar seus objetivos na vida que uma pessoa que nasce numa família pobre!?!? Estudos recentes sobre a **epigenética** – uma área da ciência biológica que estuda a hereditariedade – indicam que as experiências vivenciadas, sobretudo na primeira infância, podem alterar muito o nosso DNA. Os pesquisadores já chegaram à conclusão de que algumas dessas modificações podem até ser transmitidas de uma geração para outra!?!?

Portanto, se antes o debate estava entre **genética** *versus* **ambiente**, ou seja, o que era mais determinante para ditar o comportamento das pessoas, hoje a discussão é outra!!! Os cientistas querem saber até que ponto o que vivemos na infância, ou até **mesmo antes de nascer**, durante a gestação, pode deixar marcas nos genes e influenciar positiva ou negativamente, os comportamentos e as habilidades futuras desses seres vivos!!!

Sabemos que crescer em um ambiente acolhedor harmonioso e rico em experiências positivas é **fundamental** para o bem-estar de uma criança no decorrer do seu desenvolvimento e principalmente para que ela tenha um futuro com mais possibilidade de sucesso. Por outro lado, viver em uma atmosfera ameaçadora, permeada pela violência, pobreza, abuso e negligência, sem dúvida isso acaba **influenciando negativamente a criança por toda a sua vida**!!!

As novas evidências científicas evidenciaram um **senso de urgência** para que no País, sejam implementadas ações concretas voltadas para se oferecer uma **boa educação na primeira infância**. Infelizmente, atualmente sabe-se que no Brasil **uma em cada três crianças de até 6 anos** vive na pobreza ou na pobreza-extrema, situação que piorou bastante em especial nesses últimos anos em que muitas famílias brasileiras entraram em grande crise econômica, por causa da pandemia do *Covid-19*.

Esse **contínuo estresse** ao qual muitos brasileiros estão submetidos na infância está diretamente relacionado ao incremento do risco de doenças físicas e mentais, além de problemas comportamentais e de aprendizagem. É obviamente imprescindível compreender bem que essa fase da vida é uma janela de oportunidades para mitigar os efeitos nocivos de um **ambiente tóxico**.

Portanto, uma estratégia adequada para garantir que as crianças tenham boas experiências no começo de sua vida, e isso se reflita em um **futuro melhor**, e a priorização do investimento na **educação infantil de qualidade**. A criança pequena não deve ficar em casa sem praticamente ninguém para cuidar dela – o que ocorre quando seus pais saem para trabalhar e garantir a sobrevivência –, mas numa escola durante boa parte do seu tempo.

É o acesso a uma educação infantil de qualidade – oferecida por bons profissionais, um ambiente confortável e usando materiais adequados – que propiciará experiências positivas para a construção de uma base sólida para o desenvolvimento das crianças, preparando-as para toda a aprendizagem que ocorrerá **ao longo de toda a sua vida**!!! Naturalmente isso significa que antes ela precisará passar por um bom ensino fundamental e um bom ensino médio (de preferência com ênfase em cursos técnicos), e então chegar (se possível...) ao curso superior!!!

Para finalizar, pode-se dizer que **o nascimento pode até ser fácil**, contudo, talvez a fase de crescimento seja bem mais complicada, à medida que percebamos que a vida é repleta de surpresas, dificuldades e, inclusive, de muitas dores nesse ambiente belicoso em que acabamos ficando imersos. Por isso, para uma vida um pouco menos atormentada, é vital que nos **eduquemos**, **aprendamos a trabalhar** e conheçamos alguém para **amar**!!!

Para a maioria dos pais que estão lendo esse livro, certamente os dias mais felizes de suas vidas tenham sido aqueles nos quais comemoraram o **nascimento** de seus filhos, o que inclusive lhes serviu de estímulo para que persistissem em sua luta para a **realização de seus propósitos** – e de seus futuros **legados**!!!

II) EDUCAR

Ninguém pode negar a importância da **educação** para a formação de uma sociedade próspera, com crianças e adultos capazes de fazer boas escolhas em suas vidas. Sem dúvida, a educação é um dos pilares capazes de transformar e mudar o que acontece não apenas onde vivemos, mas também no mundo como um todo...

É por meio da educação que podemos melhorar o que acontece na sociedade (em nossa cidade, em nosso Estado e em nosso País). A **educação** é obviamente o principal **dever** de um **país**; o ensino é **uma responsabilidade dos professores**, e a **aprendizagem** depende do **desejo** de cada indivíduo. Mas a educação não é somente aquilo que aprendemos nas IEs e nas IESs, mas também o que recebemos continuamente dentro de nossos lares, nos exemplos de outras pessoas que tanto nos inspiram...

É a educação escolar que nos ensina, de maneira eficaz, a **pensar**, a **refletir** e a **questionar**. Já em **casa** nós aprendemos como nos comportar na sociedade. Desse modo, é graças à junção dessas duas contribuições educacionais (e de outras) que nos tornamos **verdadeiros cidadãos**!!!

"Colar" as respostas dos outros não é apenas uma forma **antiética** de passar nas avaliações às quais as pessoas são submetidas durante sua educação formal. Essa prática é também a melhor maneira de **não saber** quase nada, além de uma clara demonstração da **inclinação** do indivíduo que o faz, para a **ilegalidade**!?!?

E para entendermos de forma mais ampla a importância do **ato de educar** – e da própria educação –, precisamos meditar um pouco sobre algumas afirmações feitas por pessoas notáveis ao longo do tempo.

- Plínio, o Velho (23 – 79), um historiador, naturalista e oficial romano, disse: "O ser humano e o único animal que não aprende nada se não for ensinado, pois ao nascer não sabe falar nem caminhar, nem comer. Enfim, ele não sabe fazer nada no estado natural, a não ser chorar."
- René Descartes (1596 – 1650), filósofo, físico e matemático francês, afirmou: "Daria tudo o que sei pela metade do que ignoro."
- Albert Einstein comentou: "Educar verdadeiramente não é ensinar feitos novos ou descrever e explicar formulas prontas, mas provocar a mente para que ela pense!!!"
- Martin Luther King Jr. (1929 – 1968), pastor batista e ativista político norte-americano, detalhou: "A função da educação é ensinar a pensar intensamente e pensar criticamente. Formar o caráter e tornar as pessoas mais inteligentes, esses são os objetivos da verdadeira educação."
- Jean William Fritz Piaget (1896-1980), biólogo, psicólogo e educador suíço, relatou: "O principal objetivo da educação é criar pessoas capazes de fazer coisas novas e não simplesmente repetir o que outras gerações fizeram."
- Anísio Teixeira (1900-1971), escritor e educador brasileiro, declarou: "Educar é crescer. E crescer é viver. Educação é, assim, vida no sentido mais autêntico da palavra."
- Rubem Azevedo Alves (1933-2014), psicanalista, educador e escritor brasileiro, ressaltou: "Educar não é ensinar respostas; educar é ensinar a pensar!!!"
- Içami Tiba (1941-2015), médico psiquiatra e educador brasileiro, enfatizou: "Criar uma criança até que é fácil, basta satisfazer-lhe as vontades. Educar é que é trabalhoso."
- Mário Sérgio Cortella, filósofo, escritor e educador, que nasceu em Londrina em 1954, esclareceu: "As famílias confundem escolarização com educação. É preciso lembrar que a escolarização é apenas uma parte da educação. Educar é tarefa da família."

Por último, vale lembrar a explicação enfática da escritora norte-americana Dorothy Law Nolte (1924-2005) em seu livro *As Crianças Aprendem o que Vivenciam*. Ela escreveu:

"A criança que vive com o ridículo aprende a ser tímida.

A criança que vive com crítica aprende a condenar.

A que vive com suspeita aprende a ser falsa.

A criança que vive com antagonismo aprende a ser hostil.

A criança que vive com afeição aprende a amar.

A criança que vive com estímulo aprende a confiar.

A criança que vive com a verdade aprende a ser justa.

A criança que vive com elogios aprende a dar valor.

A criança que vive com generosidade aprende a repartir.

A criança que vive com o saber aprende a conhecer.

A criança que vive com felicidade conhecerá o amor e a beleza."

Para complementar o que foi dito nessas citações, deve-se realçar que **educação** é uma prática social que visa promover o **desenvolvimento** das potencialidades das pessoas, isto é, das suas **competências**. Portanto, fica claro que a educação não pode se restringir apenas àquela que se recebe quando se frequenta IEs e IESs de vários níveis. No seu sentido **mais amplo** (e como já foi dito...), a educação está associada às formações **escolar**, **familiar** e **social**.

Dito de outra forma, uma pessoa precisa tanto da **educação formal** (que abrange o âmbito escolar com níveis, graus, currículos e diplomas, adquirida, por exemplo, em cursos de treinamento e aperfeiçoamento), quanto da **informal**, obtida ao longo de toda a sua vida, com os conhecimentos acumulados através de suas experiências diárias e da relação com o meio em que vive.

01

Você sabe como pode aumentar o poder de sua mente?

A resposta é simples: aprendendo sempre, ou seja, sem nunca parar de estudar. Porém, estude o certo na hora certa!!! Dessa forma não há dúvida de que o reconhecimento virá, e você sentirá um grande progresso em sua carreira!!!

Os dois tipos de educação dependem imensamente do envolvimento dos pais, que devido ao **amor incondicional** que têm pelos filhos (generoso e altruísta) sempre procuram oferecer a eles tudo o de **melhor**!!! E, neste sentido, é óbvio que faz toda a diferença se a criança nasce em uma **família abastada** ou **desprovida de recursos econômicos**. Naturalmente, quem nasce numa família rica terá muito mais oportunidades de frequentar excelentes escolas, ter boas e intensas conexões sociais, desfrutar uma vida confortável etc.

Essa grande **desigualdade** continua presente em nosso Pais, mas, a despeito dessa realidade, praticamente todos os pais concordam com a frase de Jean-Jacques Rousseau, que afirmou: "Nascemos fracos, precisamos de forças; nascemos estúpidos, precisamos de juízo. Tudo o que não temos ao nascer e de que precisaremos quando nos tornarmos grandes (adultos) nos é dado pela educação."

Depois do nosso nascimento, e à medida que vamos nos **educando**, não podemos de forma alguma nos conformar com atitudes nas quais algumas pessoas dizem "**Eu sou assim...**", como desculpa para um comportamento que elas próprias não sabem como modificar ou melhorar!!!

Aliás para muitas pessoas quando faltam argumentos e razão objetiva e emocionalmente integrada, elas se justificam recorrendo ao chavão: "Eu sou assim...", e continuam a fazer tudo do mesmo jeito, aceitando a crença no **determinismo genético**!!!

Quem diz isso **abdica** de qualquer responsabilidade sobre si mesmo (a), jogando a "culpa" na genética, ou nos deuses, como a própria pessoa não tivesse meios de alterar a sua vida. Você não nasceu como um vencedor, e também não nasceu como um perdedor. **Você é o que fizer por si**!!!

Dá para entender o cruel senso de humor que pode produzir a hereditariedade?

III)TRABALHAR

É evidente que uma das funções da educação (em especial a formal) é possibilitar ao indivíduo a escolha de uma profissão que lhe garanta emprego (empregabilidade) ou lhe permita oferecer seus serviços (trabalhabilidade), obter remuneração adequada e, consequentemente, ter a capacidade de sobreviver e sustentar-se (e à sua família, se for o caso) de forma conveniente.

A palavra **trabalhar** deriva do latim *tripaliare*, cujo significado original é **torturar**. Posteriormente ela passou a ser interpretada como **sofrer** ou **esforçar-se** e, por fim, foi reinterpretada como **agir** ou **trabalhar**. A palavra **trabalho**, por sua vez, origina-se do latim *tripalium*, que designa originalmente um **instrumento de tortura**. Por extensão, ela significa **aquilo que fatiga** ou **provoca dor**. Então a pergunta e:

- **Será que trabalhar é uma condição essencial ao ser humano?**

O famoso filósofo alemão Immanuel Kant (1724-1804) explicou: "No que se refere ao trabalho, o ser humano é o único animal que precisa de certa preparação para ser capaz de obter e desfrutar do que necessita para a sua sobrevivência. Os seres humanos precisam estar ocupados com algo, uma vez que a **ociosidade** pode se tornar um grande tormento para eles..."

Eis aí uma tartaruga executiva se preparando para o trabalho!!!

- Qual é a sua rotina?
- Em quantas etapas você consegue se vestir adequadamente?
- Aliás, você vai para o trabalho ou vai para uma entrevista para ver se consegue um trabalho?

Nos tempos contemporâneos, surgiu um novo sistema de valores, no qual o trabalho se transformou numa das dimensões nas quais os seres humanos se realizam, inclusive enriquecendo muito... Pois e, na era moderna, por meio do seu trabalho, muitas pessoas (em especial os empreendedores) atingem a sua **realização pessoal** à medida em que enriquecem, se tornam célebres, admirados etc.

Mas não se pode esquecer de uma outra vertente social importante que o trabalho oferece, **integrando os seres humanos**. Assim eles conseguem estabelecer intensas relações interpessoais (que, inclusive, e em muitos casos, os levam a relações afetivas...). Veja algumas citações sobre a importância do trabalho e a melhor forma de executá-lo na opinião de algumas pessoas famosas!!!

- O mais famoso filósofo e pensador político chinês, Ch'in K'ung, mais conhecido como Confúcio (552 a.C. – 479 a.C.), destacou: "Escolhe um trabalho de que gostas e não terá de trabalhar nem um dia em sua vida!!!"
- Rabindranath Tagore (1861-1941), cuja alcunha foi Grudev , um polímata bengali, explicou: " O trabalho só cansa, se não nos dedicarmos a ele com alegria."
- O engenheiro e empreendedor norte-americano Henry Ford (1863-1947) declarou: "Pensar é o trabalho mais difícil que existe. Talvez por isso tão poucos se dedicam a ele!?!?
- O físico Albert Einstein alertou: "O único lugar onde o sucesso vem antes do trabalho é no dicionário."
- Ayrton Senna da Silva (1960-1994), excepcional piloto brasileiro, enfatizou: "Eu não tenho ídolos. Tenho admiração por trabalho, dedicação e competência."
- Anjeze Gonxhe Bajaxhia (1910-1997), conhecida como madre Teresa de Calcutá, afirmou: "Sei que meu trabalho é uma gota no oceano, mas sem ele o oceano seria menor!!!"
- Steve Jobs (1955-2011), empreendedor norte-americano, detalhou: "Seu trabalho vai preencher grande parte de sua vida, e a única maneira de ficar realmente satisfeito é fazer o que você acredita ser um ótimo trabalho."
- Elon Musk, o excêntrico e bem-sucedido empreendedor sul-africano, ressaltou: "As pessoas trabalham melhor quando sabem qual é o objetivo e o porquê. É importante que as pessoas estejam ansiosas para vir trabalhar já a partir da manhã, e gostem de trabalhar!!!"

BRILHE 5

Aí vão algumas ilustrações vinculadas às dificuldades que as pessoas têm no trabalho.

a) RECEPÇÃO

"Voltei. Duas semanas sem despedir ninguém me deixou deprimido."

b) PHD EM MERCADOS EMERGENTES

c) "Ter um médico de bom humor vai lhe custar uma taxa extra."

d) "Uma segunda opinião? Claro, vamos ouvir aqui o dr. Paco."

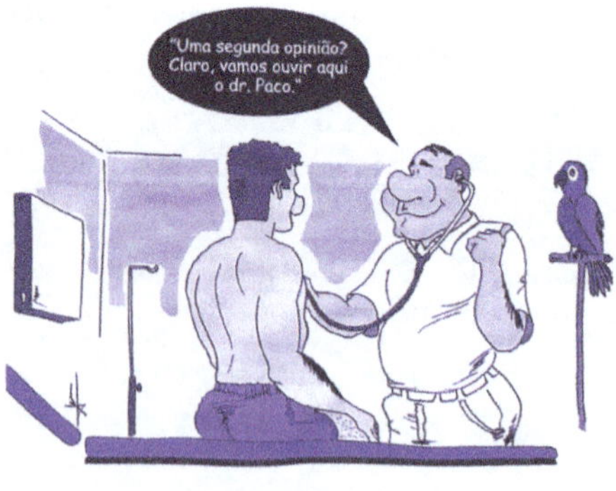

e) "Não sinto mais a solidão do poder: transferi a creche para cá."

f) **CONSULTORES para *DOWNSIZING*:** "Pessoas que ajudam pessoas a demitir pessoas."

g) "Vou cobrar o dobro para reconsertar o conserto que vocês fizeram."

h) "Não sou sem teto. Só preciso de um *site* na Internet."

i) CIRCO DIRETORIA

"Adotamos o *downsizing*. Vamos trocá-lo por um anão."

j) Dr. Pompeu-Psicólogo

"Você não se sente confortável em discutir este assunto comigo porque sou homem ou porque sou seu marido?"

k) "Não são só meus os ovos, eles são seus também e por isso, vamos ter que revezar..."

l) "Como parte do programa de *downsizing*, meu neto assume seu lugar."

m) "E você, Maria, promete sustentá-lo até que a morte os separe?"

n) "Como é que eu posso trabalhar direito se você está sempre olhando por trás dos meus ombros!!!"

o) "Para melhorar o desempenho de nossos fundos, você não precisa fazer tanto esforço..."

p) "Neste consultório nós não usamos a palavra louco. Em qualquer outro, sim, mas aqui não!!!"

q) "O cachorro pagou-me para trazer-lhe os chinelos!!!"

Nessas últimas décadas surgiram várias denominações para caracterizar o trabalho, tais como:

- **Trabalho justo** – Aquele pelo qual a pessoa que o executa recebe um salário (ou remuneração) justo (a). O pagamento para ser justo implica que foi calculado de forma a permitir uma vida digna para quem o faz (e eventualmente para sua família...)

- **Trabalho digno** – Aquele que representa uma oportunidade tanto para os homens como para as mulheres, que valendo-se do seu domínio profissional, desenvolvam um **trabalho produtivo**, recebendo por isso uma remuneração correta, num ambiente de liberdade, segurança e proteção social, com perspectivas de progresso pessoal e integração social.
De uma forma mais simples, pode-se afirmar que trabalho digno é aquele que permite a uma pessoa usufruir de **qualidade de vida**. Trocando em miúdos, ele é o que permite ao indivíduo adquirir comida, cuidar da saúde (incluindo a compra de medicamentos), viver numa moradia adequada, educar-se de forma contínua etc. Estando saudáveis (e sem fome...), as pessoas têm muita disposição para **amar** – o que lhes traz muita felicidade – e, havendo alguma sobra de recursos, **viajar**, e alegremente **desfrutar** dos dias de lazer.
Ressalte-se que **emprego digno** e **crescimento econômico** são fatores

que permeiam o 8º Objetivo de Desenvolvimento Sustentável (ODS). Os ODSs compõem uma agenda mundial – a **Agenda 2030** – que foi criada em setembro de 2015 durante a Cúpula da Organização das Nações Unidas sobre o Desenvolvimento Sustentável, realizada em Nova York. Essa agenda é composta por 17 ODSs e 169 metas que precisam ser atingidas até 2030.

- **Trabalho reconhecido** – Aquele em que o trabalhador deve ser capaz de sentir que o que faz é reconhecido e valorizado!!! Isso é válido não somente para o trabalho remunerado, mas também para numerosas atividades não remuneradas. Pode-se dizer que assim surgiu uma **tríade do trabalho**:

  1º) **Trabalho remunerado**, que é geralmente reconhecido e valorizado.

  2º) **Trabalho doméstico**, ou seja, realizado em casa na educação dos filhos, prestação de cuidados a doentes e idosos que vivem na mesma moradia, além das muitas atividades do lar. Esse trabalho obviamente não tem nada a ver com a nova tendência que se difundiu nos anos da pandemia de *Covid-19*, ou seja, o *home office*, comentado no livro 1.

  3º) **Trabalho civil**, que envolve atividades cívicas e voluntárias nos campos da saúde, educação, desporto, na vida associativa etc. Esse tipo de trabalho tem sido feito cada vez por mais pessoas, pois vivemos também numa era de intensa **colaboração**, estimulada pela **conectividade** e pelo conceito de **compartilhamento**, o que também foi destacado no livro 1.

O trabalho doméstico e o trabalho social não são comumente remunerados e, por isso, não são **muito valorizados**!?!? Porém, em especial nas três últimas décadas, muitas organizações não governamentais (ONGs), e sem fins lucrativos, proliferaram muito. Elas têm desenvolvido um excelente trabalho em muitos setores e contam com a ajuda de muitos colaboradores que, paralelamente, executam seus trabalhos remunerados para poder sobreviver...

No momento está em evolução um movimento para que pelo menos algumas pessoas nas ONGs – especialmente as que estão na administração e que têm uma grande dedicação – **sejam remuneradas**!!! E de fato, para se manter a excelência do serviço oferecido por uma ONG, essa providência é **indispensável**.

O objetivo principal deste livro é destacar a importância do **aperfeiçoamento**. Na realidade, uma pessoa não conseguirá se **aperfeiçoar integralmente** em nenhuma IE ou IES. O pleno desenvolvimento acontece no **trabalho**. De fato, diversos estudos indicam que a participação em programas formais de treinamento, bem como a ida a congressos e seminários, não permitirá que uma pessoa alcance mais do que **20% do seu desenvolvimento potencial**. Ou seja, é na execução das tarefas, nos relacionamentos interpessoais no ambiente de trabalho, que acaba ocorrendo **80% do desenvolvimento profissional**.

É evidente que tal desenvolvimento não é um processo rápido. As pessoas precisam de tempo para mudar e crescer. Uma coisa, porém, deve ser aceita de maneira indiscutível: o **aperfeiçoamento** é possível **em qualquer idade**, pois a nossa parte mais importante – o **cérebro** – é o último a envelhecer, enquanto estivermos vivos e trabalhando da forma que for possível...

Por outro lado, é **maravilhoso** quando nosso **propósito de vida** esta alinhado ao nosso trabalho. Isso torna o próprio trabalho mais prazeroso, possibilitando que uma pessoa alcance o verdadeiro sucesso. Um **trabalho com propósito** faz você sonhar, acreditar e se emocionar, entendendo que não é um simples trabalho, é **amor**!!!

De fato, um trabalho com propósito é aquele que faz você sorrir com frequência; que te permite estar alinhado com a sua missão, com os valores e as competências todos os dias. É isso que o transforma numa pessoa melhor. Isso muda a sua vida e consequentemente modifica de forma significativa o que ocorre ao seu redor, pois você já está deixando um **legado**!!!

Mas não fique apenas sonhando com o seu sucesso. Simplesmente acorde cada dia e trabalhe para conquistá-lo. E note que quanto maior for o seu esforço, maior será o seu **sucesso**!!! Não existe melhor motivação para realizar um bom trabalho do que sentir **paixão** pelo que se faz!!!

Para muitas pessoas o trabalho mais difícil é descobrir qual é aquele pelo qual elas têm **verdadeira paixão**. Contudo, uma vez que se chegue a esta conclusão, a ocupação deixará de ser um trabalho!!! Quando trabalhamos no que gostamos, o sucesso é uma agradável consequência, não uma **obsessão**. A dedicação, o trabalho árduo e inteligente são as virtudes que farão você brilhar na profissão que escolher. Vale ressaltar que ninguém jamais morreu afogado em seu próprio suor...

Porém, também vale lembrar que, se perante Deus somos todos iguais, **perante o mercado de trabalho isso não acontece**!?!? Desse modo, não devemos confiar na sorte para obtermos sucesso em nossa vida profissional. Aceite o seguinte conselho: "Eu acredito demais na sorte, e tenho constatado que quanto mais me dedico ao meu trabalho, mais sorte eu tenho!!!"

Pois é, não há nada mais gratificante do que partir para o trabalho motivado, não concorda? Seja para ganhar uma remuneração extra, ou para garantir uma promoção pelo bom desempenho, tal atitude mexe completamente com a sua atuação profissional.

Além disso, as pessoas ao seu redor também saem ganhando com isso, afinal, e muito mais prazeroso realizar suas atividades no trabalho ao lado de indivíduos cuja sinergia é positiva e o estado de ânimo esteja sempre nas alturas!!!

Uma experiência bastante válida é visualizar o **trabalho** como o **automóvel** que conduz a pessoa ao **sucesso**, e a **dedicação** como o **combustível** que não permite que o veículo pare no meio do trajeto. A **paixão** neste caso é o ingrediente mágico que impede que a pessoa fique **estafada** durante a viagem!!! E quando o **cansaço** surgir, lembre-se de que a cada dia você está mais próximo do sucesso. **Não desista!!!** Dedique-se e trabalhe arduamente, pois a sua recompensa será maravilhosa!!!

Um fato é inquestionável e um alerta se faz necessário: "Com o crescente 'sumiço' de empregos para nós, seres humanos, por conta da introdução das chamadas 'máquinas inteligentes' nos postos de trabalho, sempre que você se sentir **cansado de trabalhar**, lembre-se do enorme contingente de pessoas que estão **cansadas de procurar emprego**. E mais que isso, quando seu superior mencionar a necessidade de cortar custos, perceba se ele não está olhando para você!?!?"

Como um bom malabarista em sua vida, você já deveria saber que ao tentar equilibrar as cinco bolas chamadas **trabalho**, **família**, **saúde**, **amigos** e **alma**, a que certamente produziria maior dano se caísse é a do **trabalho**, não é mesmo?

IV) AMAR

A capacidade de amar é uma característica muito importante dos seres humanos. Pode-se afirmar que somente quem **ama** experimenta o que há de mais **espetacular** na vida, afinal, amar faz parte das **necessidades básicas** dos seres humanos, desde a infância.

Quem aprendeu a **bem trabalhar** deve por isso mesmo reservar uma parte do seu tempo para **bem amar**, pois é este o combustível principal para que continue a trabalhar muito motivado. Quando sentimos que amamos e somos amados, percebemos claramente que somos aceitos e compreendidos como somos!!!

As pessoas que **não conseguem amar** acabam sentindo-se isoladas, sozinhas, depressivas e isso as leva a se tornar **introvertidas**. Isso acontece pelo fato de um amor não correspondido provocar diversas **frustrações**, além da sensação de **insuficiência** para a pessoa. Claro que todos **queremos ser amados** ou, pelo menos, que os outros gostem de nós, embora seja evidente que nem sempre isso é possível – afinal, exigir a aprovação e o amor de todos aqueles de quem gostamos é um objetivo difícil de ser atingido!!!

Mas o fato e todos nós **existimos para amar**, nascemos com o **desejo de amar** e de **sermos amados**!!! Amar é o que dá sentido e propósito para nossas vidas. Acima de tudo, amar significa preocupar-se com o outro, protegê-lo e desejar-lhe sempre o bem. Amar alguém é entregar-se, é viver essa paixão como se ela fosse única, quando isso acontece duas pessoas se **tornam** e **vivem como uma só**!!!

O **amor** nos comove e nos move adiante. Ele nos leva a cometer atos que normalmente consideraríamos impossíveis, apenas para demonstrar o nosso amor por alguém. Afinal, **quem é quem nunca cometeu uma loucura por amor? Quem nunca se deixou levar pelas emoções provocadas pelo amor, agindo sem pensar nas consequências?**

Pois é, **amar** nos faz delirar, mas a verdade é que por trás de um grande amor, sempre existe um pouco de loucura. Ah, como é bom amar! Como é bom encontrar aquela pessoa que mexe com nossas emoções!!! Existem listas com até 100 motivos para alguém amar – e muito! Veja a seguir **10 razões** para dizer **"Eu te amo..."**:

Eu te amo porque...

1º) ... juntos fazemos loucuras maravilhosas!!!

2º) ... você me fez amar a mim mesmo ainda mais depois que te conheci.

3º) ... você me conhece melhor que ninguém.

4º) ... você é uma pessoa muito positiva.

5º) ... você já abdicou de muitas coisas só para me ajudar.

6º) ... você me alegra nos meus dias mais difíceis (e nos dias mais fáceis também...).

7º) ... você trouxe perspectivas novas para a minha vida.

8º) ... você me dá asas para voar e, ao mesmo tempo, a segurança para construir a vida ao seu lado.

9º) ... você me faz acreditar em dias melhores.

10º)... faço contigo coisas que nunca pensei em fazer...

Como é estimado (a) leitor(a), você consegue ampliar essa lista e incluir outras razões para se amar muito outra pessoa?

E ainda no tocante ao amor, existem várias definições para esse sentimento, assim como tipos distintos, dependendo das pessoas envolvidas e das circunstâncias em que acontece. Vejamos quais são:

- **Amor platônico**, que consiste numa relação afetuosa na qual **não existe** nenhum tipo de contato sexual. Outra interpretação para esse tipo de relacionamento é a de um **amor impossível**, ou seja, quando existe apenas nas fantasias entre duas pessoas, mas não corresponde à realidade... Como explicou Carolina Okazachi: "O amor platônico é tão engraçado. Você ama o outro, mesmo sabendo que aquilo é quase impossível, mas é justamente com esse 'quase' que você sonha todas as noites." No amor platônico há uma história de amor na qual o (a) protagonista ama sozinho (a), e a pessoa amada é o (a) vilão (ã) do "romance".

- **Amor verdadeiro**, é aquele sentimento em que prevalece um intenso afeto entre duas pessoas. Ele as mantém unidas, quaisquer que sejam as circunstâncias, permitindo-lhes superar juntas as dificuldades, os obstáculos e as provações ao longo da jornada. No amor verdadeiro pensa-se mais na felicidade da outra pessoa do que na própria, a despeito de quão dolorosa seja essa escolha. O amor verdadeiro pode ser percebido no olhar, no sorriso, no jeito de falar, na forma de abraçar e até mesmo na maneira de brigar de duas pessoas que **realmente se amam**!!! O escritor e médico português Joaquim Guilherme Gomes Coelho (1839-1871), mais conhecido pelo pseudônimo Júlio Dinis, ressaltou que: "Um amor bem verdadeiro, uma vida bem íntima com uma mulher, a quem se queira como amante, que se estime como uma irmã, que se venere como a própria mãe, que se proteja como a um filho, e evidentemente o destino mais natural para um homem, um complemento essencial para cumprir sua missão na Terra!!!" Já Antoine de Saint-Exupéry (1900-1944), nascido Antoine-Marie Roger de Saint-Exupéry, escritor, ilustrador e piloto francês, destacou: "O verdadeiro amor nunca se desgasta. Quanto mais você dá, mais o tem. Por isso mesmo nunca se canse de amar, pois algum dia você verá os grandes frutos do seu amor que foi sempre cultivado."

- **Amor incondicional**, que é tipicamente conhecido como o **amor de mãe**, oferecido livremente, sem condições, independentemente do que se receba em troca. Ele é altruísta, muito generoso e inclusive ilimitado!!! Não é por acaso que as mães (praticamente todas...) costumam dizer: "Minha vida mudou completamente quando meu bebê nasceu, pois pude conhecer uma nova forma de amor, mais puro e incondicional."

- **Amor fraternal**, que acontece frequentemente entre irmãos, mas também ocorre entre muitos homens e mulheres quando surge entre eles um sentimento de dedicação absoluta, sem qualquer outro interesse que não seja **praticar o bem**, e que não exige nada em troca. O amor **fraternal** valoriza a confiança mútua, havendo um perfeito entrosamento entre os envolvidos, pois são relacionamentos tranquilos e afetuosos, duradouros e estáveis, profundos e compromissados. Richard Simonetti (1935-2018), filantropo, orador e escritor espírita nascido em Bauru, enfatizou: "Devemos ser **monógamos no amor romântico** e **polígamos no amor fraterno**. O primeiro é um compartimento fechado, estreito, onde não é aconselhável conviverem mais de duas pessoas. O amor fraterno, por sua vez, é um universo no qual cabem filhos, pais, irmãos, amigos, colegas, ex-namorados...”

- **Amor-próprio**, que as pessoas têm por si mesmas. Isso não significa que o portador desse amor sempre tenha suas vontades e seus desejos atendidos, tampouco quer dizer que a pessoa seja ambiciosa ou egoísta, **pisando** nos outros para **conseguir o que deseja**!!! É graças ao amor-próprio que as pessoas procuram agir de forma positiva, “esquecendo” as desventuras pelas quais já passaram, as infelicidades que tiveram, e buscam encarar esses momentos negativos como experiências que lhes permitiram progredir e não incorrer mais nos mesmos erros... De fato, pode se dizer que o amor-próprio e o ódio por si mesmo são as mais intensas entre as forças produtivas terrenas!!!

OI

Estimado (a) leitor (a), se você achou essa classificação do amor um tanto quanto conflitante, fique então com os **três tipos de amor** definidos pelos pensadores gregos antigos (dentre os quais Platão...), que são usadas até hoje por muita gente: ***eros, philia e ágape***.

Eros é o amor “**romântico**”, caracterizado pelo romance, pela paixão e pelo desejo, além de estar associado ao prazer, à atração física e ao sexo. O nome advém da mitologia grega. Eros era o filho de Vênus, a deusa do amor, e tornou-se “o cupido que, com suas flechas, provocava atração entre os seres humanos”.

Philia significa “**amizade**” no grego, mas engloba também lealdade, família e comunidade. É um amor virtuoso e desapaixonado, sem a presença de *eros*. Esse tipo de amor é o mais almejado e desejado, porque representa uma das conexões mais fortes compartilhadas por duas pessoas.

Ágape também significa “**amor**” no grego moderno, mas trata-se do amor entre todos os seres humanos, sendo que algumas pessoas o consideram o amor de Deus pelos seres humanos!!! O verdadeiro *ágape* é caracterizado por uma conexão com a natureza, com a humanidade e o universo. Também é o amor *ágape* que inspira as pessoas a terem compaixão e altruísmo.

Se ainda estiver **confuso** sobre o que vem a ser o amor reflita sobre o proverbio chinês que diz: "Quando meus olhos não estão bloqueados o resultado é a **visão**. Quando a mente não está bloqueada, o resultado é a **sabedoria**. E quando o espírito não está bloqueado o resultado é o **amor**."

Bem, o que porém é inconteste é que **o amor possui um propósito**, pois como já foi dito ele nos faz feliz e ajuda a construir uma vida ao lado da pessoa amada. Aliás, o **amor sem propósito** não passa de momentos de diversão!!! Por isso devemos aceitar o que foi dito pelo francês Victor-Marie Hugo (1802-1885), romancista, dramaturgo, estadista e ativista pelos direitos humanos: **"A suprema felicidade da vida é ter a convicção de que somos amados!!!"**

E completando, deve-se salientar que a **felicidade** não depende tanto de ser amado, mas do dom de amar. Quem ama, já tem o necessário para provar a felicidade. **Saber amar é a maior delas!!!** Pessoas que **se amam** desfrutam certamente de muitos **momentos felizes** e alguns deles acontecem com mais facilidade quando se **viaja**, especialmente se for para se **entreter**, **ampliar sua cultura** (conhecendo mais sobre hábitos, costumes, religiões, festas, cerimônias etc. de outros povos), para **descansar** em algum lugar aprazível.

OI

Quem desejar se distrair de um jeito delicioso, e inclusive pensar mais sobre o **ato de amor**, deve ler o livro *Comer, Rezar e Amar* (lançado em 2006) de autoria da norte-americana Elizabeth Gilbert. Nele ela conta sua própria história de vida, onde há frustração e infelicidade. Ela então decide viajar e passar um bom tempo na Itália, onde aproveita bastante os prazeres da boa culinária. Ela também passou um tempo na Índia, onde usufrui da vantagem da meditação para sua alma, e na Indonésia, país onde se envolve numa intensa relação amorosa.

Mas quem não tiver paciência para ler o livro tem a opção de assistir o filme de mesmo nome (lançado em 2010), no qual a protagonista é interpretada pela atriz Julia Roberts.

V) VIAJAR

Em seu livro *A Arte de Viajar*, o escritor e filósofo suíço Alain de Botton salientou: "Se as nossas vidas são denominadas pela busca da felicidade, talvez poucas atividades revelem tanto sobre a dinâmica desse anseio – com toda a empolgação e todos os paradoxos envolvidos – quanto o **ato de viajar**!!!"

Parece que alguém está "viajando na maionese", não é?

De certa forma, conhecer um lugar novo e como **renascer**, no mais literal sentido que essa palavra traz. Quando viajamos, exercitamos nosso olhar para o **novo**!!! O viajante que encontra o desconhecido começa vendo penumbras (mudanças gradativas da luz para a sombra) e ouvindo sons que não distingue!!!

Estranha o que lhe dão para comer e alterna momentos em que se sente profundamente desamparado com outros instantes em que descobre o carinho dos que o cercam. As viagens nos trazem a possibilidade de viver (mesmo que somente por alguns dias...) fora das limitações do trabalho e da luta pela sobrevivência.

A vida é muito curta para se viver trancado em casa. Por isso é muita tolice viver a vida sem envolver-se em **aventuras**. Como a vida é por si mesma uma viagem, é por isso que algumas pessoas escolhem ser as "**malas**"!!! E aí saem para viajar, mas não para fugir da vida e sim para que a vida não escape delas. E não se deve esquecer jamais que uma viagem fica para sempre na memória, e o que aprendemos viajando **ninguém nos tira**!!!

► Viajar pode torná-lo um profissional melhor?

Sem dúvida!!! E as experiências e vivências por quais se passa numa viagem acabam se tornando primordiais para o seu sucesso profissional, ou seja, para tornar mais eficiente e eficaz o seu **processo de autodesenvolvimento**. Quando viajamos, tendemos a conviver com variadas experiências que acabam se transformando em conhecimentos que nos possibilitam prosperar no mercado de trabalho.

No decorrer de uma viagem, particularmente de uma para o exterior, uma pessoa se depara com situações que exigem dela determinadas atitudes, como: a necessidade de improvisar, a habilidade de se comunicar, valer-se da criatividade e em especial de se adaptar, agilizar e aperfeiçoar com o novo ambiente em que se encontra!!!

Realmente numa viagem para o exterior a pessoa sentirá que é tempo para ela aprender mais, aprimorar-se, pois acabará lidando com situações inusitadas ou inesperadas que lhe indicarão o que precisa ser melhorado:

1º) A forma de se comunicar

Ao viajar para outro país, é muito comum que você enfrente dificuldades para se comunicar, por conta das barreiras de idioma ou até mesmo diferenças culturais.

- **Existe melhor maneira para estimular alguém a aprender um idioma do que viajando?**

Especialistas dizem que aprender um idioma além do seu facilita muito o aprendizado de outros!!! E quando você retornar ao país em que o idioma é falado, perceberá que isso o aproximará muito mais dos nativos dessa nação.

Naturalmente viajar para o exterior também incentiva o viajante a pesquisar o básico para uma boa comunicação (particularmente no que se refere a etiqueta...) na nação que pretende visitar.

2º) Um jeito diferente para expandir seu *networking*.

Networking significa "**rede de contatos**", e aqui se faz referência a pessoas importante para o seu campo de trabalho que você poderá conhecer durante as viagens. Eventualmente elas até poderão ajudá-lo ou serem úteis para incrementar sua trabalhabilidade/empregabilidade.

Sem dúvida, quanto melhor for o seu *networking*, maiores serão suas possibilidades de crescimento pessoal. Além disso, não se pode deixar de salientar que as viagens ajudam a desenvolver as chamadas *soft skills* (que serão analisadas mais adiante...), habilidades cada vez mais necessárias no trabalho.

Além disso, é indiscutível que a pessoa que viaja bastante acaba vivenciando experiências que a tornam mais adaptável, responsável, autoconfiante e criativa, adquirindo uma capacidade maior para encontrar solução de problemas de forma inusitada e quase original!!!

Também não se pode esquecer que, ao manter contato com pessoas de diferentes culturas, o viajante/turista desenvolve sua capacidade de manter **relacionamentos interpessoais**!!!

3º) Desenvolvimento de sua agilidade!!!

Quando alguém se propõe a fazer uma viagem por conta própria, é até natural que nem tudo saia como planejado!?!? E aí estar em um ambiente desconhecido e ter que enfrentar contratempos leva a pessoa para fora de sua **zona de conforto**. No momento em que esse tipo de situação ocorre, você precisará **pensar rápido**, **ser ágil** e tomar a **melhor decisão possível** para seguir firme em sua viagem!!!

4º) Incrementação de sua criatividade.

Já está comprovado que aquele que viaja se torna **mais criativo**!!! E isso não é por acaso, pois numa viagem comumente a pessoa se afasta de seu estresse cotidiano e rotineiro, e assim vários bloqueios desaparecem!!! Viajar lhe permite aprender sobre outras culturas, ter contato com o modo de vida de outros povos, te leva a conhecer magníficas obras de arte ao visitar museus, ir a incríveis espetáculos musicais, passear em parques exuberantes, assistir eventos culturais e religiosos, experimentar comidas pela primeira vez etc.

Claro que tudo isso torna a pessoa mais criativa!!! De fato, as pesquisas já comprovaram que pessoas que adquirem conhecimentos e passam por experiências em países estrangeiros aumentam sua **flexibilidade cognitiva**, o que lhes permite fazer conexões entre formas díspares, ou seja, é isso que torna a mente de alguém **mais criativa**!!! Outra coisa que deve impulsionar as pessoas a viajar é o fato de ser bom para a **saúde** e torná-las **mais felizes** (como já foi dito...).

Atualmente, diversas pesquisas comprovaram que **viagens de férias** têm efeitos positivos sobre as pessoas que as fazem, pois servem para manter seus **corpos** e suas **mentes mais saudáveis**!!! Entre os benefícios diretos para a saúde, deve-se citar: melhoria na qualidade do sono, diminuição da pressão arterial, o que minimiza o risco de infarto (bom para o coração!) e estabelecimento de maior disposição física.

O fato é que numa viagem muita coisa nova surge, o que faz o cérebro de uma pessoa aumentar muito sua capacidade de processamento. Além disso, comumente numa viagem ficamos mais eufóricos e alegres, quando o nosso cérebro começa a produzir os chamados "**hormônios do prazer**", especialmente o "**quarteto da felicidade**": **endorfina**, **serotonina**, **dopamina** e **ocitocina**.

Realmente quando uma pessoa está apaixonada, recebe a notícia que foi promovida no trabalho, é aplaudida pelo público por alguma ação ou ainda fica num estado de liberdade e perplexidade pelas coisas novas que observa numa viagem, o seu cérebro libera esses hormônios na sua corrente sanguínea, que lhe passam uma sensação de **prazer** e **felicidade**.

Esses hormônios estão sempre ativos no nosso organismo. Por exemplo, a **serotonina**, também conhecida como o **hormônio do prazer**, é um neurotransmissor que atua no cérebro e estabelecer a comunicação entre os neurônios. Essa substância regula o sono, o humor, o apetite, o ritmo cardíaco, a temperatura corporal, entre outras funções biológicas.

Muitas das doenças que afetam as pessoas do mundo moderno vem de disfunções de produção ou recaptação de serotonina (e de outros hormônios da felicidade...). Se a rotina de tarefas e os caminhos repetitivos nos levam ao desânimo, ao tédio e à depressão, **viajar** para novos lugares nos **dá a possibilidade de fazer algo pela primeira vez...**

Viajar nos permite que, em a cada novo dia respondamos de forma rápida e conclusiva à provocante pergunta **"Quando foi a última vez que você fez algo pela primeira vez?"** A partir daí poderá citar um evento bem agradável que tenha feito muita serotonina (e outros hormônios da felicidade...) circular(em) pelo seu organismo.

Sem dúvida, viajar o torna livre para fazer o que quiser (!!!), e divertir-se como nunca antes... Como já foi dito, viajar quebra a rotina, permite ao individuo fazer uma pausa e temporariamente esquecer as obrigações do trabalho. Porém, o mais importante é o fato de que viagens lhe possibilitam ficar bastante tempo com a pessoa que ama, o que obviamente o deixa bem feliz. Afinal, vivenciar experiências com o seu "**amorzão**" é algo que ficará marcado em suas memórias para sempre.

Estudos recentes também comprovaram que **casais** que viajam juntos com frequência se tornam muito **satisfeitos** com o seu **relacionamento**, **comunicam-se melhor**, compartilham **mais romance** e ainda **melhoram** muito sua **vida sexual**!!! E concluindo, deve-se ressaltar que viajar é **encontrar** tudo o que você **não sabia** (ou desconhecia), mas estava a procura (!?!?) e refletir sobre isso...

Mais do que isso, para compreender plenamente o que disse Aurélio Agostinho de Hipona, mais conhecido como santo Agostinho (354 – 430), um dos mais importantes teólogos e filósofos dos primeiros séculos do cristianismo, basta lembrar de suas palavras: "O mundo é um livro e aqueles que não viajam leem apenas uma página."

Pode-se finalmente dizer que um sinônimo de felicidade pode ser a expressão "**uma viagem para um lugar incrível**". E se lhe faltar imaginação para a escolha de uma nova viagem, recorra a um livro como *1000 Lugares para Conhecer antes de Morrer*, de Patrícia Schultz!!!

Sem dúvida, se alguém for capaz de reunir no seu enterro esse conjunto de pessoas tão diversas, é sinal de que, além de ter vivenciado as mais diferentes experiências, conseguiu adquirir em todas essas situações muito respeito e admiração dos que estiveram ao seu lado!!!

VI) LEGAR

Antes de ir mais a fundo nesse conceito, vejamos como outras pessoas entenderam o significado e a importância da palavra "legado":

- Steve Jobs, fundador da Apple, disse: "Não penso muito no legado que deixarei para as próximas gerações. Penso apenas em acordar de manhã e trabalhar com pessoas brilhantes na criação de coisas que, espero, sejam tão apreciadas pelos outros como são por nós."
- Dolly Parton, famosa cantora norte-americana, explicou: "Se as suas ações criam um legado que inspira outras pessoas a sonharem mais, a aprenderem mais, a fazerem mais e a se tornarem mais competentes, então você é um excelente líder."

- Vitorio Yoshimori Furashu, especialista paranaense em computação, destacou: "Uma vida bem vivida é aquela em que as pessoas se lembram de você pelo bom legado que deixou para a humanidade."
- Marcos Lesiuk, declarou: "Nascemos anônimos para construir o nosso legado. Devemos fazer de nossas vidas uma bela história; fazer nosso tempo valer a pena, para que mesmo com a nossa morte sejamos lembrados por ações memoráveis e atitudes épicas; lembrados por construir um legado inesquecível. Nascemos anônimos para morrer como uma lenda."

O que se pode concluir dessas afirmações e que "legado" não é aquilo que se deixa **para** outra pessoa, mas **o que se deixa nela**, ou seja, na **mente dela**. Neste sentido, um ser humano que termina sua existência sem deixar nenhum legado é como se **jamais tivesse existido**!!!

A palavra legado vem de dois termos do latim: *legatum* ("**algo deixado em testamento**") e *legare* ("**delegar, encarregar, enviar como representante**"). Para mim **legado** é algo que construímos durante a nossa vida e que mesmo quando não estivermos mais neste mundo permitirá que as pessoas continuem **falando de nós**. Portanto, é correta a seguinte citação: "Não somos **imortais**, mas nosso legado pode nos tornar **eternos**!!!

E um legado não precisa ser necessariamente gigantesco, apenas **transformador**. Naturalmente, para que alguém deixe um legado é preciso que isso esteja atrelado ao seu propósito de vida, e relacionado diretamente ao que a pessoa faz, pelo fato de amar o que faz.

Além disso, esse legado é o que torna a vida de uma pessoa mais feliz, saudável e longa, período durante o qual ela espalha sua satisfação entre muitas pessoas – em especial aquelas que estão ao seu redor –, despertando nelas a esperança e a vontade de vencer, ou seja, de se tornarem bem-sucedidas. É sempre necessário refletir sobre qual será o nosso legado, a nossa identidade, quando já não mais estivermos por aqui...

01

Quem deseja legar deve **saber viver**!!!

E saber viver significa saber amar.

É dizer sim para a amizade.

É sorrir para a saúde.

É respeitar a natureza.

Saber viver é **tentar ser feliz**!!!

É tentar consertar os erros cometidos.

É tentar vencer.

Saber viver é consolar, é perdoar.

Saber viver é batalhar sempre por quem se ama.

É ter certeza no final de seus dias do que deixa como **legado**, que foi alguém que **viveu feliz**!!!

Aproveite o seu tempo de vida da melhor forma possível, desenvolva uma vida com **propósito**, para assim deixar um **legado**!

Em seu livro *Os 7 Hábitos de Pessoas Altamente Eficazes*, o autor norte-americano Stephen R. Covey (1932-2012) – publicado em 1989 –, nos apresentou um modelo para exercitarmos a referência pessoal sobre a importância do **legado**!!!

Assim, feche os olhos e imagine que você está indo a um funeral. Ao chegar ao local, você percebe a presença de velhos amigos e pessoas queridas que fizeram parte de sua vida. Por fim, ao aproximar-se da lápide, olha para ela e compreende que se trata do **seu próprio funeral**!?!? Reflita sobre as seguintes questões:

- O que você gostaria que estivesse escrito nessa lápide?
- O que gostaria que as pessoas estivessem dizendo a seu respeito?
- Será que seus atos em vida contribuíram para o seu legado?

Pode ser que essa reflexão seja dolorosa, assustadora, porém o (a) racional leitor (a) não deve sentir-se aparvalhado (a), afinal, a morte faz parte da **jornada** de todos nós. Certamente vale a pena pensar e planejar esse momento, imaginando **o que dizer** no momento final (daqui a muitos anos, naturalmente!).

Veja a seguir algumas possibilidades:

"Finalmente vou dormir o suficiente..."

"Estou ficando sem bateria, ligo depois..."

"Até logo, espero vocês lá!!!"

"Há males que vêm para o mal..."

Claro que uma frase na sua lápide terá um outro significado se você deixar um legado significativo, por ter feito o bem ou ter executado tudo muito bem, cumprindo seu papel com eficiência dentro do seu propósito de vida. E muito mais que tudo isso, tendo sido sempre leal e realizando todas as coisas de forma verdadeira, genuína, transparente e coerente.

01

Tive a oportunidade de assistir algumas palestras de Stephen R. Covey (foto abaixo), o que me estimulou a ler seus livros e muitas ideias expressas me marcaram muito, não só aquelas em que ele destacou que as quatro necessidades básicas das pessoas são: **aprender** (desenvolvimento mental), **viver** (ter boa saúde na sobrevivência), **amar** (com ênfase nos relacionamentos e na bondade social) e **legar** (seu significado e sua contribuição).

Não esqueci nunca quando ele enfatizou que no decorrer da nossa vida devemos constantemente fazer algumas conjecturas em relação ao nosso estado ou comportamento para seguir em frente com entusiasmo, entre elas:

- Suponha que você sofra um ataque de coração (ou outro problema de saúde), comece a **planejar** sua vida levando isso em consideração.
- Suponha que a meia-vida de sua profissão seja de dois anos, inicie assim o seu **aperfeiçoamento** o quanto antes.
- Suponha que os outros consigam ouvir tudo o que você fala a respeito delas e, daqui para frente, **nunca esqueça disso** quando falar sobre elas!!!

- **Como é, você já começou a pensar sobre qual será o seu legado?**

Claro que quando você voltar para o passado acabará se arrependendo de muitas decisões equivocadas, porém, sempre será melhor se arrepender **do que fez** do que daquilo **que não fez**!?!? É preciso entender que a vida é feita de decisões, sendo muito difícil acertar em todas elas.

Mas tendo tomado uma decisão certa ou errada, o fato é que para aquela ocasião ela lhe pareceu a única, a mais correta, pois caso contrário teria optado por outra solução... Tudo o que fazemos em nossas vidas representa uma **escolha**!!!

Pensando por essa perspectiva, **do que você se arrepende?** Lembre-se: você **é a pessoa que escolheu ser**!!! O sarcástico e enigmático escritor norte-americano Mark Twain (1835-1910), destacou: "Os dois dias mais importantes de sua vida são aqueles em que você nasceu e descobriu o porquê!!!"

Isso significa que é preciso tornar-se **alguém**, o que leva imediatamente a duas dificuldades:

- **Tornar-se o quê?**
- **Que caminho seguir para se tornar uma pessoa reconhecida e admirada?**

Mais do que isso, é preciso estabelecer um **propósito de vida**. Ser alguém não é uma questão difícil **apenas** para quem decide que quer se tornar um astro (uma estrela) em algum campo de atividade, ou ser declarado um gênio que possibilitou o avanço da ciência!!! Trata-se na verdade de uma missão crucial para cada um de nós: descobrir – e desenvolver – nosso potencial para se tornar uma pessoa mais produtiva, mais realizadora, escapando da possibilidade de ser rotulada como "**qualquer um**", ou até mesmo como um "**ninguém**".

Durante os séculos XIX e XX, difundiu-se bastante a ideia de que as pessoas teriam de se esforçar para **alcançar o seu pleno potencial**. Mesmo assim, a maioria das pessoas continuou vivendo de forma bem restritiva, provavelmente acreditando na metáfora de que assim como uma semente de tomate não poderia produzir um pepino, as pessoas já tinham seu **destino pré-determinado ao nascerem**!?!?

Talvez um bom exemplo desse determinismo sobre a jornada de uma pessoa desde o nascimento seja o sistema de castas estabelecido na Índia. Ele é composto de quatro categorias principais, além de uma fora delas, da qual faziam parte os *dalits* (ou "intocáveis"), indivíduos condenados a uma existência degradante. Durante séculos esse sistema ditou praticamente todos os aspectos da vida religiosa e social hindu, com cada grupo ocupando um lugar específico numa hierarquia complexa. Ele concedeu muitos **privilégios** às castas superiores e permitiu a repressão das castas inferiores pelos grupos privilegiados. Atualmente a Índia tem procurado eliminar a discriminação contra as castas mais baixas, todavia, mesmo na 3ª década do século XXI as diferenças de linhagem ainda persistem.

Recordando, foi no século XIX que o poeta e ensaísta norte-americano Ralph Waldo Emerson (1803-1882) nos deu uma **explicação** alentadora, afirmando que **todas as pessoas têm o mesmo potencial de realizar "proezas"** (?!?!), embora a maioria não chegue a esse patamar...

Porém, é bem provável que R.W. Emerson estivesse **errado**, e não tenhamos todos o mesmo potencial. Nos parece lógico atualmente que um garoto de 1,65 m de altura não possa almejar se tornar um campeão olímpico em salto em altura, e que alguém que demonstre tendência para engordar e tenha mais de 1,92 m de altura não possa cogitar ser um piloto de Fórmula 1.

Evidentemente, esses são contraexemplos para o que disse R.W. Emerson, mas no campo dos esportes. E talvez ele quisesse se referir apenas à atuação mental de um ser humano. Hoje, entretanto, sabemos que a genética, a cultura, os hábitos, os traumas e, principalmente, a educação, são alguns dos muitos elementos ou fatores que influem em nossa capacidade de exercer bem um trabalho, o nosso talento e a nossa criatividade!!!

O que se aceita hoje é que qualquer pessoa tem a **mesma possibilidade** de **descobrir** ou "**inventar**" para si um caminho **próprio**, **original**, **brilhante** e **recompensador** no que se refere a sua carreira profissional... Particularmente, também **não acredito** que todos tenham essa possibilidade...

Para alguns psicanalistas, a pessoa que consegue usar o seu pleno potencial está exercendo a sua **singularidade**!!! Obviamente todos nós temos muitos potenciais, mas isso não significa que qualquer um **pode ser qualquer coisa que quiser**!!! Isso porque há **muitas variáveis incontroláveis** ao se disputar o "**jogo do sucesso**".

Entretanto pode-se chegar ao sucesso caso se **faça a escolha certa do que fazer**!!! Aliás, a **vida** é feita de **escolhas**. Quando damos um passo à frente, inevitavelmente alguma coisa fica para trás. Se é verdade que **não temos potencial** para tudo, mas ainda assim para muitas coisas, e se também é verdade que a **dedicação** é fundamental para se chegar ao sucesso, este só vira se fizermos as **escolhas certas**!!!

Algumas atividades se complementam, porém, no mundo hipercompetitivo em que vivemos, precisamos nos **especializar** (o que será discutido mais adiante...). Mas nesse moderno ambiente global, e sob o impacto de todas as transformações digitais que estão ocorrendo, **não é fácil fazer** boas escolhas!?!?

De fato, apesar de muitas opções, é bem complicado selecionar a profissão do futuro diante da **efemeridade** que a envolve... É preciso precaver-se para se tornar um especialista em algo que já **não tem mais valor** ou pelo qual a demanda já tenha acabado.

Ninguém nos dias de hoje deveria se orgulhar de ser um expoente do enxadrismo e arriscar-se a se tornar parte da antiga piada sobre esse jogo, que diz: "**O xadrez é um jogo que desenvolve muita a capacidade... de jogar xadrez!!!**" Afinal, vivemos numa época em que existem vários *apps* que permitem que "**máquinas inteligentes**" vençam qualquer enxadrista, o que significa que já não dá mais para um ser humano vencer um computador...

As **três regras simples da vida** são:

1ª) Se você não for atrás do que quer, nunca terá o que **deseja**!!!

2ª) Se você não perguntar, a resposta será sempre **não**!!!

3ª) Se você não der um passo à frente, nunca **sairá do lugar**!!!

Lamentavelmente, na falta do conhecimento dessas regras e por não ter o autoconhecimento, a maioria dos jovens não se questiona como devia sobre as atividades de que mais gostam e para as quais possuem mais aptidões. E tudo isso porque quando crianças não foram estimuladas corretamente a se analisar para entender em quais dos seus talentos valeria a pena investir. E o pior de tudo é que **muitos pais** também não percebem isso claramente, para orientá-las de forma adequada para suas **vocações**!!!

Bem, ao longo de nossa vida, muitos de nós acabaremos tendo múltiplas fontes de propósitos que amadurecerão com o tempo. Elas mudarão nossas prioridades e perspectivas, a medida que formos tendo novas visões do mundo em que vivemos.

Mas você deve procurar inserir o propósito em tudo o que faz, e com o passar do tempo essas múltiplas fontes com significado emergirão na sua vida e num dado momento, naturalmente, você se sentira confortável com suas escolhas e terá bem clara a razão de sua existência.

Sem dúvida, para encontrar um significado para a sua vida o quanto antes, é necessário que você **estude** muito e de forma continua para ampliar seus conhecimentos e aprender a trabalhar de forma **efetiva**, ou seja, sendo ao mesmo tempo **eficiente** e **eficaz**!!! Mas para poder ativar de forma **criativa** sua **imaginação**, pense agora na possibilidade de ter um **ciclo de vida invertido** (!?!?), criado por Sean Morey, comediante, escritor e cantor norte-americano que escreveu o seguinte texto sobre o mesmo:

"A coisa mais **injusta** sobre a vida é a maneira como ela termina!!! Eu acho que o verdadeiro ciclo de vida está todo de **trás para frente** (do fim para o começo...). Nós deveríamos morrer primeiro, nos livrar logo disso. Daí viver num asilo até ser chutado para fora de lá por estar muito novo. Ganhar um relógio de ouro e ir trabalhar, por cerca de 40 anos, até ficar novo o bastante para poder aproveitar sua aposentadoria. Aí você curte a vida, bebe bastante álcool, faz festas e se prepara para a faculdade. Depois vai para o colégio, tem várias namoradas e nenhuma responsabilidade. Então se torna um bebezinho de colo, volta para o útero da mãe, passa seus últimos nove meses de vida flutuando e tudo termina com um **ótimo orgasmo**!!! Não seria perfeito?"

No excelente livro *Grandes Decisões sobre Pessoas* (editora DVS), de Claudio Fernandez-Aráoz, o autor destacou que a fórmula de sucesso profissional contém pelo menos quatro elementos ou fatores:

1º) **Genética** – A nossa constituição genética permite explicar por que algumas coisas são fáceis para aprender para certas pessoas – por exemplo, a **matemática** – enquanto para outras são extremamente difíceis. Assim, a genética estabelece limites da mesma forma que nos abre portas. Entretanto, ela não é totalmente estática e apesar da genética ter sido considerada durante um bom tempo como um elemento importante para a fórmula do sucesso, pesquisas mais recentes têm indicado que a herança genética pode ser alterada...

2º) **Desenvolvimento** – É a aprendizagem formal e informal que uma pessoa acumula ao longo de sua vida, que vai exercer uma grande influência no seu sucesso profissional, daí a razão de se focar neste livro na importância do **aperfeiçoamento** ou **aprimoramento**. Obviamente, investir com sabedoria tempo e esforço no desenvolvimento profissional permite elevar de maneira significativa o nível de competência de uma pessoa, e aumentar bastante sua probabilidade de se tornar bem-sucedida.

3º) **Decisões de carreira** – A capacidade de aprender depende, em parte, das escolhas de carreira. Ou seja, ela depende do ambiente de trabalho em que uma pessoa estará submetida continuamente a coisas novas, dia após dia, seguindo as mesmas rotinas.

4º) **Decisões sobre pessoas** – Na vida pessoal cultivamos amizades nas IEs, nos locais que frequentamos, com a nossa vizinhança, e que, muitas vezes, irão durar a vida inteira. Também conhecemos algumas pessoas mais intimamente, nos casamos e, com frequência, elas se tornam parceiros (as) para a vida toda... Porém, é no ambiente de trabalho (geralmente a partir dos 20 anos) que começamos a tomar decisões vitais sobre pessoas, colegas, clientes e fornecedores, ou seja, colaboradores que nos permitem executar nossas tarefas com eficácia!!! Neste sentido, Claudio Fernández-Aráoz destacou: "Estou piamente convencido de que é a nossa capacidade de **tomar grandes decisões sobre pessoas é o fator preponderante** para o nosso **sucesso profissional**. Quanto mais caminhamos na carreira, e quanto mais escalamos a hierarquia organizacional, mais importante esse tipo de decisão tende a se tornar. Tomar grandes decisões sobre pessoas é uma **habilidade** ou um ofício que felizmente pode ser **ensinado** e **aprendido**!!! E quem adquirir domínio na tomada de grandes decisões sobre pessoas, terá duas grandes vantagens: 1ª) a capacidade de **intensificar** e **aprimorar** suas **relações pessoais**; e 2ª) a possibilidade de aumentar sua **satisfação pessoal**. Portanto, tomar grandes decisões sobre pessoas é uma habilidade indispensável na vida. É a habilidade mais decisiva na determinação não apenas do **sucesso profissional**, mas também da **felicidade pessoal**."

E aí vai uma "receita" final para você ser feliz durante a sua vida:

Dê um tempo para trabalhar, este é o preço do sucesso.

Dê um tempo para pensar, esta é a fonte do poder.

Dê um tempo para brincar, este é o segredo da juventude.

Dê um tempo para o lar, esta é a base da harmonia.

Dê um tempo para desfrutar entre seus entes queridos, esta é a fonte da felicidade.

Dê um tempo para amar, esta é a consagração da vida.

Dê um tempo para sonhar, durante o qual consciente ou inconscientemente a sua imaginação o levará para qualquer lugar.

Dê um tempo para rezar e assim encontrará paz na sua mente.

Dê um tempo para rir, e dessa maneira os seus problemas serão mais leves.

Dê um tempo para planejar, pois o planejamento é o segredo para conseguirmos tempo para tudo o que foi dito antes!!!

Completo com a minha modesta, mas convicta opinião, sobre como isso ocorreu comigo. Acredito que com o auxílio da minha incrível companheira de toda a minha vida Nilza Maria – consegui deixar um bom legado para os meus três filhos, sobre como comportar-se em suas vidas, especialmente constituindo boas famílias, dando toda a atenção e cuidando com todo carinho dos seus filhos.

Na minha vida profissional, creio que também deixei para os muitos milhares de alunos um exemplo claro que deveriam estudar com proficiência para aprender uma profissão, para poderem trabalhar de forma ética e dedicando-se com paixão, para alcançar seus objetivos, no sentido de cumprir seu propósito na vida.

OI

O que faz você coçar sua cabeça?

Pode até parecer irreal, mas a nossa cabeça também coça por dentro!!! Sempre que alguém começa a pensar, isso faz sua cabeça coçar!!!

Nossa cabeça coça por dentro quando temos dúvidas, quando queremos respostas, quando **saímos da indiferença**!!! Aliás, **indiferença** não é apenas descaso, falta de interesse ou alguém que não quer se envolver com sentimentos arrebatadores, como amor, ódio, fé, etc., mas de fato um comportamento inaceitável para quem quer ser bem-sucedido na vida.

O escritor Elie Wiesel (1928-2016), ganhador do prêmio Nobel da Paz (1986), explicou bem isso ao dizer: "O oposto do amor não é nenhum ódio, é a indiferença. O oposto da arte não é a feiura, é a indiferença. O oposto da fé não é nenhuma heresia, é a indiferença. E oposto da vida não é a morte, é a indiferença. Não deixe a sua vida indiferente, mas sim como um legado importante para que muitos se lembrem de você."

CAPÍTULO 3

DESENVOLVIMENTO DE *HARD* E *SOFT SKILLS*

Antes de se entrar em detalhes sobre como se proceder para desenvolver e aperfeiçoar as *hard skills* (“**aptidões técnicas**”, também chamadas de habilidades duras) e as *soft skills* (“**aptidões comportamentais**”, também conhecidas como habilidades suaves ou leves), precisamos esclarecer a diferença entra **competência** e **habilidade**.

Para Idalberto Chiavenato, um estudioso brasileiro da área de administração de empresas e recursos, autor de vários livros, os **elementos que compõem** a competência são:

Conhecimento – O que sabemos!

Habilidade – O que sabemos fazer!!

Julgamento – Refere-se ao que sabemos para poder analisar uma situação e decidir a respeito dela!!!

Atitude – A disposição para agir e concretizar uma ação, ou, em outras palavras, o que sabemos e como nos comportamos para que algo aconteça.

Desse modo, com base nesses 4 elementos, a **habilidade** é o **saber fazer**, enquanto a **competência** é a **coordenação** do saber fazer para produzir **benefícios palpáveis**, valendo-se de **conhecimento**, **bom julgamento** e **atitude adequada**. Porém, muitos outros especialistas acabaram simplificando tal explicação, e estabelecendo que a **competência** é constituída de **conhecimento**, **habilidade** e **atitude** (a famosa trinca CHA), definição com a qual irá ficar!!!

São as competências que definem os requisitos para se alcançar sucesso num trabalho, e de forma bem mais ampla que as habilidades. E uma vez que a habilidade é apenas um dos três elementos que compõem a competência, isso explica a razão pela qual **alguém muito habilidoso não é necessariamente muito competente**!?!? Pois é, apesar de esses dois termos terem significados tão diferentes, em muitos casos são usados de forma intercambiável, **o que é errado**!?!?

OI

Essa "confusão" de se pensar que competência e habilidade sejam palavras sinônimas, infelizmente ocorre com outros termos, como: eficiência e eficácia; talento e vocação; chefe e líder; ouvir e escutar; trabalho e emprego, entre outras duplas.

Aliás, caro (a) leitor (a), como um exercício para o aprimoramento dos seus conhecimentos, que tal você descobrir no que esses pares de palavras são **diferentes**?

Habilidade é uma capacidade aprendida por meio de treinamento ou experiências para se obter um resultado desejado. No futebol, por exemplo, uma habilidade seria para um jogador **saber como chutar bem com os dois pés**; outras habilidades incluem a realização das mais variadas funções, como: dirigir bem um carro, cozinhar ou se comunicar com clareza e objetividade.

Outra forma simples para se entender corretamente a diferença entre habilidade e competência é relacionando os dois termos a duas perguntas: "**O quê?**" e "**Como?**". Em outras palavras, as **habilidades** nos fornecem o "**o quê**", ou seja, nos dizem quais delas uma pessoa precisa para realizar bem uma atividade específica. Porém, isso não responde como uma pessoa poderia **realizar um trabalho com sucesso**.

O "**Como?**", em contrapartida, é definido pelas competências de uma pessoa, transformando habilidades e conhecimentos em comportamentos no trabalho (e na vida pessoal....) e demonstrando a capacidade para exercitar sias tarefas (atividades) com **efetividade**, ou seja, com eficiência e eficácia.

▸ Mas o que é mais importante: competência ou habilidade?

Tanto as competências quanto as habilidades são muito importantes para se trabalhar de uma forma efetiva. Entretanto, é óbvio que alguém **mais competente** pode, por exemplo, ser **melhor** para uma empresa, ou para determinadas situações do que alguém **só muito habilidoso**!!!

A palavra inglesa *skill* pode ser traduzida para o português como **habilidade**, ou seja, **aptidão** para executar uma **ação**. Assim, as *hard skills*

– cuja tradução literal é "habilidades duras" – e as *soft skills* – **habilidades suaves** ou **leves** – representam respectivamente as **habilidades técnicas** e **subjetivas** (comportamentais) de um profissional.

As *hard skills* são quantificáveis, ou seja, podem ser mensuradas de alguma forma e, em geral, são aprendidas em cursos de formação (especialmente nos de graduação, que atribuem às pessoas diplomas), em treinamentos especializados, por intermédio da leitura de livros e do uso de outros materiais didáticos.

Entre os exemplos de *hard skills* podemos citar: proficiência em um idioma estrangeiro, especialização em IA e *big data*, manejo de ferramentas ou máquinas, desenvolvimento de programas para computadores, gestão de projetos, elaboração de artigos e livros etc.

Um profissional tem facilidade de destacar as *hard skills* em seu currículo, anexando os diplomas de conclusão de curso de graduação (médico, engenheiro, arquiteto etc.), citando a obtenção de mestrado e/ou doutorado, além de as mais variadas certificações em assuntos demandados pelo marcado de trabalho.

Já as *soft skills* são habilidades que se relacionam com a personalidade, o caráter, as crenças, os valores etc. de uma pessoa. Aliás, são esses os aspectos que influenciarão diretamente a maneira como um profissional se relaciona com as outras pessoas.

BRILHE 6

Que tal dar uma relaxada e tentar resolver alguns enigmas?

a) Você é capaz de dividir um quadrado em quatro áreas iguais? Claro que você imediatamente dividirá o quadrado conforme um dos desenhos indicados na sequência abaixo, não é?

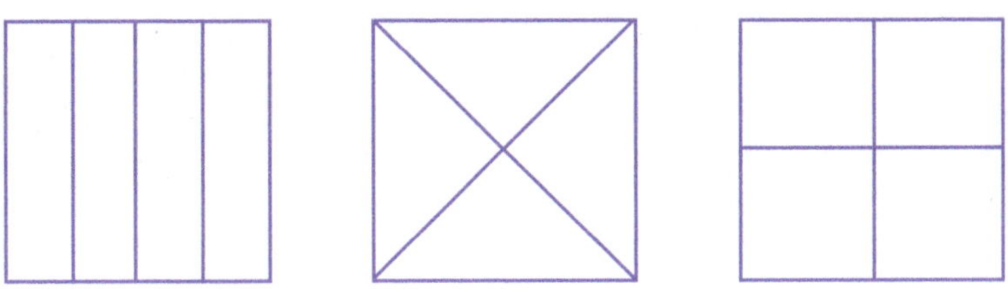

Porém, existem outras formas bem mais sofisticadas, viu? Você consegue "descobrir" pelo menos outras seis formas distintas?

b) Na figura a seguir há uma garota olhando para o espelho e tentando, aparentemente, arrumar seu cabelo. Descubra o que está errado nesse desenho ou, pelo menos, o que é improvável?

c) Em não mais que 1 min, encontre qual é o objeto que está em ambas figuras apresentadas abaixo.

d) Na figura abaixo há um contorno que caracteriza uma estrela!!! Você consegue enxergá-la?

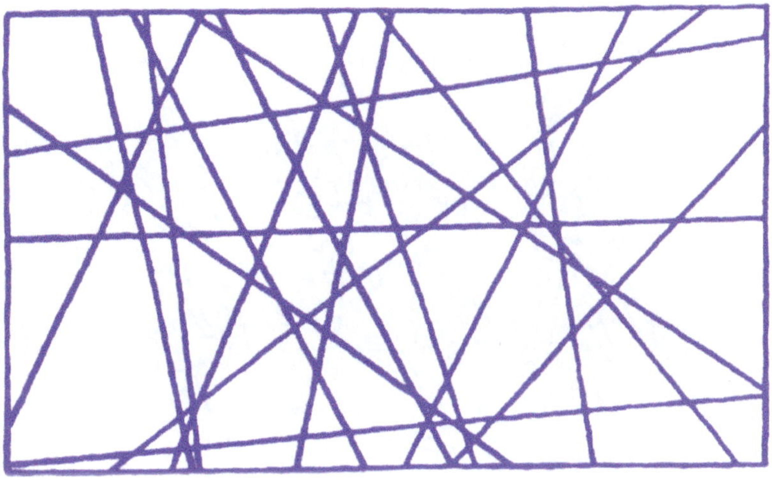

As *soft skills* se evidenciam muito no âmbito das relações interpessoais e, por isso, em inglês elas também são chamadas de *people skills*. Alguns exemplos de *soft skills* incluem: a criatividade, a resiliência, a flexibilidade, a ética, a proatividade, o bom humor, o senso de liderança, a paciência, a boa comunicação, o espírito de equipe, a dinamicidade (agilidade), a cordialidade, a persuasão, a negociação etc.

Nem sempre essas habilidades podem ser relatadas num currículo, visto que não são tão fáceis de serem comprovadas pelo candidato a uma vaga. Porém, isso não significa que elas não possam ser aprendidas e desenvolvidas com a ajuda de profissionais especializados. De fato, psicólogos, psicopedagogos, neurocientistas, mentores etc. são capazes de ajudar de maneira significativa um indivíduo a minimizar várias das "fraquezas" mencionadas há pouco (inclusive aquela em que uma pessoa diz: "**Não sou criativa!!!**"

BRILHE 7

Leia algumas perguntas intrigantes e tente respondê-las de forma rápida, criativa e conclusiva.

a) O que faz o homem virar a cabeça?

b) O que é que uma garota deve fazer para ter as mãos macias?

c) O que é que nasce a soco e morre a facada?

d) Quatro romanos e um inglês viajavam num automóvel dirigido por uma mulher. Qual é o nome da mulher?

A despeito de sua comprovação em muitos casos, atualmente as *soft skills* têm sido cada vez mais discutidas – e exigidas – nos processos de recrutamento e seleção. Vale destacar, entretanto, que sob a perspectiva de uma empresa tanto as *hard skills* como as *soft skills* são consideradas essenciais, visto que ambas constituem o **profissional pleno**, tão demandado pelo mercado de trabalho na 3ª década do século XXI.

Embora repleto de transformações digitais, esse mercado ainda considera vital que os funcionários saibam relacionar-se bem com outras pessoas; que se comportem de forma flexível, paciente ou educada no tratamento de subordinados e, ao mesmo tempo, sejam cordiais com todos os colaboradores, evitando assim um **clima de hostilidade** dentro das empresas!!!

A ausência dessas boas **aptidões relacionais interpessoais** acaba eventualmente anulando as habilidades práticas e técnicas – as *hard skills* – desse profissional, prejudicando o seu emprego e, evidentemente, a sua **trabalhabilidade**.

No momento, portanto, o **correto** seria pensar que ambas – as *hard skill* e as *soft skills* – são fundamentais para o bom desempenho de um profissional em suas atividades, de forma que quanto mais alguém for capaz de possuir tais habilidades, melhor será para ele, pois isso elevará de forma significativa sua **trabalhabilidade**!!!

Nos tempos atuais, tem-se recorrido bastante à **gamificação** para o desenvolvimento das *hard skills*. A gamificação é basicamente a utilização de elementos semelhantes àqueles aplicados em jogos – **pontuação**, **recompensa** e ***storytelling*** ("narrativas") – em situações que nada tem a ver com diversão!?!? A ideia é motivar os participantes a perseguirem determinados objetivos, tais como: solução de problemas, realização de tarefas ou aprendizado de certas habilidades.

No caso das *hard skills*, a gamificação permite que as pessoas submetidas a esse método de treinamento assimilem conteúdos educativos essenciais para a adequada realização de suas funções no trabalho. O elemento lúdico da gamificação é responsável por criar um importante alicerce para a compreensão e a retenção de todos os novos conhecimentos.

Já no das *soft skills*, é possível utilizar a gamificação para fomentar o senso de colaboração da equipe, promover a motivação, incrementar o engajamento e aprimorar muitas outras habilidades relevantes para que os profissionais tenham um melhor desempenho.

Na pesquisa *Global Talent Trends 2019*, do LindekIn, ficou claro que é por causa de tanta tecnologia que se demanda cada vez mais as *soft skills*. Tanto é verdade que o relatório apresentado pela empresa já começa com uma frase um tanto provocativa: "*Soft skills* – onde as máquinas inteligentes não podem competir!!!"

Embora isso pareça contraditório, quanto mais se falar em (e se utilizar) IA, *big data*, aprendizado de máquina, realidade aumentada, metaverso etc., maior será o protagonismo das *soft skills*. Assim, os profissionais talentosos em *hard skills* que também possuam habilidades interpessoais, sociais, culturais, linguísticas etc., serão cada vez mais valorizados.

De fato, o papel das *soft skills* para os que buscam emprego (ou tentam ampliar sua trabalhabilidade...) tornou-se essencial. Comparado ao que acontece com as *hard skills*, cujas habilidades são efêmeras (a especialização numa determinada linguagem de programação pode desaparecer repentinamente), as *soft skills* (criatividade, flexibilidade, adaptabilidade) são perenes e continuarão sendo valorizadas sempre! De fato, a flexibilidade é fundamental para que um profissional consiga **adaptar-se a um mundo que não para de mudar**!!!

Hoje, no decorrer do processo de atração de novos funcionários, a maioria dos departamentos de recursos humanos busca atuar de acordo com a seguinte premissa: "Não avaliamos um candidato pelo que ele sabe, uma vez que provavelmente esse saber já estará ultrapassado dentro de um ano... Nós o avaliamos especialmente pelo que ele não sabe, e de acordo com sua capacidade de aprender novas coisas das quais o nosso negócio precisará no futuro!!! Assim, é comum que durante o processo peçamos ao candidato que ele apresente uma solução para um problema para o qual não tenhamos a resposta, ou até mesmo para o qual sequer exista uma solução!?!?"

Ainda nesse relatório, o LinkedIn destacou que as cinco *soft skills* **mais** demandadas atualmente são: **criatividade**, **persuasão**, **colaboração**, **adaptabilidade** e **gestão do tempo**. Enquanto isso, as que têm sido cada vez **menos** demandadas pelo mercado de trabalho são: capacidade de memorização, gestão de recursos financeiros e materiais, destreza manual e escuta ativa (entre outras), uma vez que todas essas "habilidades suaves" estão sendo cada vez mais bem executadas por "máquinas inteligentes".

BRILHE 8

Diante de uma insatisfação envolvendo o aluno **Augusto** (nome derivado da palavra latina *augustus*, cujo significado é "extraordinário", "consagrado" ou "sagrado"), a professora **Regina** (cujo nome exala o mais puro poder e significa "rainha", "senhora absoluta" e "a maior") resolve questioná-lo e descobrir o problema:

- **Augusto, qual é o seu problema?**

  – Sou muito inteligente para estar no primeiro ano do ensino fundamental. Minha irmã está no terceiro ano e eu sou mais inteligente que ela, portanto, quero estar no terceiro também!

A professora Regina, percebendo que não resolveria facilmente essa situação, leva Augusto para a diretoria e, enquanto o menino espera na antessala, ela explica a situação ao diretor **Bóris** (nome de origem eslava que significa "combatente" ou "lutador"), que diz a professora que fará algumas perguntas-teste para Augusto. Segundo ele, uma vez que o aluno não saberá respondê-las, o pedido de Augusto poderá ser esquecido...

A professora concorda, chama Augusto e explica-lhe que ele será submetido a um teste, algo com o qual o menino concorda imediatamente!!!

Veja como de forma brilhante o jovem Augusto passou em todos os testes!!!

O diretor Bóris então pergunta a Augusto:

— Augusto, quanto é 7 vezes 6?

— 42

— E quanto é 11 vezes 11?

— 121

O diretor continua com outras perguntas, numa verdadeira bateria que somente poderia ser respondida por um aluno do terceiro ano e Augusto responde todas elas prontamente, **sem errar nenhuma**!!!

O diretor Bóris, espantado e ao mesmo tempo convencido, diz à professora Regina:

— Acho que temos mesmo que colocar o Augusto no terceiro ano.

A professora Regina então pede ao diretor e a Augusto para fazer algumas perguntas também, e ambos concordam:

— O que é que a vaca tem quatro e eu só tenho duas?

— Pernas – ele responde.

E ela continua...

— O que há nas suas calças que não há nas minhas?

O diretor Bóris arregala os olhos, mas não tem tempo de interromper...

— Bolsos — responde Augusto.

E a professora questiona:

— O que é que entra na frente na mulher e só entra atrás no homem?

Estupefato com o questionamento, o diretor Bóris prende a respiração...

— A letra "M" — diz Augusto.

E a professora Regina continua com a interessante arguição:

— Onde é que a mulher tem o cabelo mais enroladinho?

— Na África – responde imediatamente Augusto.

— O que é que entra duro e sai mole e pingando? – continua a professora Regina.

O diretor Bóris começa a suar..., mas Augusto responde:

— O macarrão na panela.

A professora Regina não para...

— O que é que começa com "B", tem "C" no meio, termina com "A" e, para ser usada, é preciso abrir as pernas?

Após o que ouviu, Bóris fica paralisado!!!

— A bicicleta.

E a professora segue adiante...

— Qual o monossílabo tônico que começa com a letra "C", termina com a letra "U" e ora está sujo ora está limpo?

Totalmente pálido, o diretor Bóris parece que vai desmaiar...

— O céu, professora.

Finalmente a professora Regina questiona Augusto:

— O que é que começa com "C", tem duas letras, um buraco no meio e eu mesma já dei para várias pessoas?

— CD – diz Augusto baixinho.

Não mais se contendo, o diretor Bóris interrompe o interrogatório da professora e diz para ela:

— "Besta reverendíssima que eu sou, além de obnubilado. Coloque esse moleque como diretor, pois eu mesmo errei quase todas as respostas!!!

O que você achou das *hard* e *soft skills* de Augusto?

OI

Como já é de conhecimento da maioria, o Japão e a Coreia do Sul são dois países bastante evoluídos no âmbito da **automação** e da **robotização**, o que fez com que neles muitas atividades antes realizadas por seres humanos simplesmente desaparecessem. Assim, já há algum tempo surgiu nesses países uma **indústria informal de "aluguel de estranhos"**. Essas pessoas são alugadas para se passarem por amigos, parentes ou outros tipos de conhecidos, e acompanhar os "locatários" nos eventos mais variados para os quais precisam ir ou então participarem do seu dia a dia, inclusive para ouvir seus relatos sobre suas ansiedades e seus momentos de depressão.

No Japão, um homem que tenha as *soft skills* necessárias para executar essa função – que funcione como um "ombro amigo" nos momentos necessários – é chamado de *rental-san*. Essa nova profissão já inspirou uma série de TV, assim como a publicação de alguns livros sobre essa atividade, que no Japão rende em média para o *rental-san* US$ 100 por sessão.

O profissional pode ser solicitado a esperar por alguém no aeroporto ou numa estação rodoviária, onde ninguém aguardava o cliente; almoçar ou jantar com ele; ir ao lançamento de um livro; acompanhar uma pessoa durante a assinatura de um documento de divórcio e/ou para escutar o desabafo de alguém que precise relatar seus medos – talvez provocados pela *Covid-19*, quem sabe!!!

Pois é, quem diria que um dia seria tão importante para certas pessoas asiáticas contar com a companhia de um estranho, com o qual elas não mantêm nenhuma proximidade, para ajudá-las e escutá-las em momentos de vulnerabilidade e em situações íntimas e sensíveis.

Será que no futuro o trabalho realizado pelos *rental-sans*, até mesmo no Japão e na Coreia do Sul, será feito por androides? Será que as pessoas andarão por aí conversando com robôs que, paralelamente, desempenharão outras funções?

Vale ressaltar que esse profissional inusitado não deve ser confundido com o *host* (a *hostess*), que é o (a) responsável pela recepção de clientes em restaurantes, bares, eventos ou festas, assim como por fazer agendamentos, fornecer informações e orientar a circulação de pessoas e visitantes, particularmente em congressos e feiras de produtos/serviços.

Por outro lado, é importante destacar que caberá ao setor de recursos humanos da empresa definir o objetivo do treinamento oferecido aos funcionários: se é para melhorar suas *soft skills* ou as *hard skills*. De qualquer modo, o objetivo será o de reajustar esse colaborador para um novo cargo ou procurar otimizar seu desempenho.

Realmente o futuro das empresas, dos empregos, e particularmente do incremento da trabalhabilidade estão diretamente ligados ao desenvolvimento dos profissionais e da sua **adaptação** com as transformações digitais que estão **alterando** radicalmente o funcionamento das organizações e a maneira como é feito o trabalho dentro delas.

É por isso que os conceitos de *upskilling* ("**aprimoramento**" ou "**aperfeiçoamento**") e *reskilling* ("**requalificação**") se tornaram tão importantes.

Upskilling diz respeito ao desenvolvimento de um profissional no campo em que já possui um certo domínio, ou seja, busca-se incrementar suas habilidades (ou suas qualificações) atuais, ampliando dessa maneira as possibilidades de ele agregar mais valor na empresa em que trabalha ou para que ele possa prestar uma maior contribuição com o que ele sabe fazer para alguém que o contrata para uma certa finalidade, por algum tempo!!! Portanto, ao participar de um treinamento focado em *upskilling*, a pessoa busca um melhor desempenho, sem que haja necessidade de mudar sua atividade. Desse modo, adquire-se uma nova habilidade ou melhora-se a existente, sem a necessidade de se repaginar.

Você acha que em seu processo de *upskilling*, é assim que você se tornará mais flexível?

Já no caso do *reskilling*, a pessoa procura aprender novas habilidades para tornar-se apta a realizar um trabalho diferente. Muitas vezes essa necessidade de **requalificação** é imposta pela própria empresa, que acredita que tem um profissional talentoso, que pode ser mais bem utilizado em algum outro setor. Outras vezes, isso surge do desejo pessoal de mudar de função ou de campo de atuação. *Reskilling* é, portanto, a "reformulação" de suas habilidades, a obtenção de outras novas, a mudança de ares e a adaptação a novas funções e a novos afazeres.

No que diz respeito a *upskilling*, um bom exemplo dessa prática vem do futebol, onde um jogador realiza treinamentos bem árduos para aprender a cobrar faltas com perfeição e/ou a chutar com a mesma facilidade e potência com ambos os pés.

Alguns jogadores também fazem o *reskilling*, quando se submetem a um aprendizado que lhes permitirá mais tarde se tornarem técnicos de alguma equipe, ou então comentaristas de futebol, ou alguma outra função mais sofisticada, como gestor ou proprietário de uma equipe!?!?

- **Você conhece algum jogador brasileiro de futebol que se tornou bicampeão mundial e agora é também dono de uma equipe?**

Bem, essa pergunta é fácil de responder, pois estamos falando de Ronaldo Luís Nazário de Lima, mais conhecido como Ronaldo Fenômeno, que se tornou presidente do Real Valladolid, na Espanha, e do Cruzeiro, em Belo Horizonte, e conseguiu realizar uma extraordinária **requalificação** em sua carreira, **não é?**

Concluindo, deve-se entender fundamentalmente que não importa tanto o que mais tenha sentido para você – promover *upskilling* ou *reskilling* –, pois o que é indispensável agora é jamais deixar de investir no próprio desenvolvimento, qualquer que seja a fase de sua vida, mantendo-se sempre engajado no *lifelong learning* ("aprendizado para sempre"), ampliando sempre sua **trabalhabilidade**.

BRILHE 9

Aí vão algumas questões dispersas para aguçar sua ágil curiosidade criativa sobre temas diversos, tornando-o (a) mais qualificado (a)!!!

a) O que você sabe sobre a saga da galinha, desde quando ela foi domesticada até quantas delas existem hoje (em cativeiro...) no mundo?

b) O que você pode aprender do comportamento de um cuco?

c) Qual é a segunda fruta mais consumida do mundo?

d) O que é melhor (ou pior): estar preparado para uma oportunidade e ela não surgir, ou ter uma oportunidade e não estar preparado para ela?

e) Você sabe por que para algumas pessoas o termo "**consultor**" se tornou sinônimo de alguém que se **aproveita de você**, dizendo-lhe o que almeja ou então recomendando-lhe uma condição ou posicionamento praticamente impossível de se alcançar?!?! Aliás, você sabe como alguns de forma sarcástica (ou talvez bem humorada...) definem o consultor?

CAPÍTULO 4

COMO DESENVOLVER O SEU PLANO DE CARREIRA VALENDO-SE DO SEU DOM, DE SUA VOCAÇÃO E DO SEU TALENTO

Plano de carreira é um programa estruturado no qual uma pessoa (ou a própria empresa na qual ela trabalha) traça um caminho de aprendizado que será percorrido para a aquisição de novas habilidades. Isso permite que o profissional gerencie sua evolução e, ao mesmo tempo, cria para essa pessoa uma reputação de **especialista** ou **generalista**, reconhecida tanto na empresa quanto no mercado de trabalho.

O que devo priorizar? Tornar-me uma generalista de qualidade ou uma especialista proficiente na área específica escolhida?

No caso de uma empresa, a finalidade de oferecer a um funcionário um plano de carreira que lhe permita desenvolver-se dentro dela visa obviamente **atrair** para ela – e **reter** dentro dela – profissionais talentosos!!! Por exemplo, um plano de carreira bastante disseminado nas empresas é o denominado **Y**.

Inspirado pelo desenho da letra Y, esse plano sugere que, a partir de um determinado cargo, o funcionário sempre chegará a uma **bifurcação** na qual terá de escolher entre duas possibilidades em termos de carreira: como **especialista** ou como **generalista** (mais voltado para a gestão), o que será analisado mais adiante. Porém, para que esse sistema em Y funcione, ele deveria dar a **especialistas** e **gestores** a **mesma** oportunidade em termos de **valorização**, o que **acaba não acontecendo**!?!?

Outro plano de carreira imita a letra **W**, e nesse sugere-se um terceiro caminho para o profissional seguir, nem especialista e num generalista, mas sim **gestor de projetos**, quando ele não chega a ser um líder tradicional responsável pelo desenvolvimento de outras pessoas, entretanto, segue de perto o desempenho dos integrantes do projeto que comanda!!! Na prática esse modelo não se difundiu com muita intensidade, pois sua aplicação mais expressiva tem sido em setores específicos, como os voltados para a tecnologia, por exemplo.

Existem outros tipos de planos de carreira, mas nos deteremos apenas nos dois primeiros exemplos, uma vez que o intuito principal agora é saber como desenvolver uma boa profissão que garanta **trabalhabilidade**!!!

Profissão é uma palavra que vem do latim *professio*, cujo significado é a "ação de professar" ou de "exercer um ofício". Claro que para se exercer bem uma profissão hoje em dia é necessário ter habilidades técnicas, além de uma formação específica adequada. Naturalmente uma pessoa consegue alcançar uma maior realização profissional quando aproveita seu **dom**, atende à sua **vocação** e desenvolve o seu **talento**!!!

Flagrante de um exame em que cerca de 12.000 estudantes chineses buscavam obter uma avaliação positiva que lhes permitisse estudar em universidades norte-americanas!!! Com essa prática (que ainda ocorre...), os chineses conseguem instruir muitos jovens talentosos, para que depois eles voltassem para o seu país, ajudando-o a progredir...

Apesar de serem muito semelhantes, os termos dom, vocação e talento possuem pequenas diferenças, porém extremamente importantes. A palavra **dom**, por exemplo, vem do latim *domus*, que significa uma dádiva ou um presente. **Mas um presente de quem?** De Deus (mas não vamos aqui adentrar em polêmicas questões teológicas...) ou da loteria genética do DNA, mesmo que pareça um pouco injusto que alguns o tenham, e outros não!?!?

Bem, quando se diz que alguém tem um dom, isso quer dizer que a pessoa **nasceu** com alguma habilidade incrível, como por exemplo: uma **voz potente** para cantar; **sensibilidade** para ser um **ator**; **curiosidade** aguçada para ser um **cientista**; uma grande facilidade para desenvolver o **pensamento analítico**, entre outras tantas!!!

É possível que você tenha um dom e ainda não saiba disso, pois falta-lhe o **eficiente autoconhecimento**... Ou pior, pode ser que você tenha um dom, mas ainda não tenha dado a ele o **destaque** que merece!!! O fato real é que algumas pessoas nascem com algo especial que lhes permite realizar bem uma atividade, e isso com **extrema facilidade**.

Mas quando se fala em facilidade em executar algo, ou em aprender uma determinada habilidade, deve-se salientar que o significado da palavra **dom** não funciona como um sinônimo de **genialidade**, uma vez que essa condição específica **ocorre** com algumas poucas pessoas. E isso acontece por questões cerebrais que ainda não foram desvendadas pela ciência!?!?

No que se refere a **vocação**, essa palavra é derivada do verbo do latim *vocare*, que significa "**chamar**". Vocação é uma tendência que leva uma pessoa a exercer uma certa profissão, ou seja, um pendor, uma capacidade específica para executar algo que lhe **dará prazer**!!! Quem segue a vocação obedece a um **chamado**!!! É como ouvir uma voz e responder a ela com uma atitude concreta.

▸ **E como se pode perceber esse chamado?**

Eugenio Mussak, professor e autor de diversos livros, respondeu essa pergunta da seguinte forma: "Para mim essa voz tem um **timbre** e uma **intensidade**. O timbre é o **prazer**, e a intensidade é a **facilidade**. Dessa maneira, ao fazer algo com facilidade e que lhe dá prazer, uma pessoa está atendendo a sua vocação."

E quando uma pessoa tem prazer em executar uma certa atividade, **por mais difícil** que ela seja, isso não lhe irá gerar **inquietude**, tampouco o **desejo de desistir**... O escritor, palestrante e consultor internacional em educação e artes, Ken Robinson (1950-2020), ressaltou: "Quando se está na sua vocação, o seu sentido de tempo varia. Quando você faz o que gosta, uma hora poderá durar 5 min (!!!); se for o contrário, 5 min poderão durar uma hora!?!?"

OI

Por que algumas pessoas são chamadas de **idiotas-prodígio**? Embora tal expressão seja muito agressiva, ela se refere a pessoas que possuem um distúrbio psíquico, mas, ao mesmo tempo, **grandes habilidades para determinadas coisas**, mesmo que evidenciem um **déficit de inteligência** para muitas outras!?!?

Outra maneira de classificar essas pessoas é como portadoras da **síndrome de *Savant*** (ou de sábio). Isso quer dizer que elas apresentam alterações psicológicas bastante raras entre os seres humanos, e por isso não conseguem comunicar-se com facilidade, compreender bem o que lhes é transmitido, ou estabelecer relações interpessoais.

Os sinais indicativos dessa síndrome podem ser identificados logo nos primeiros anos de vida de uma criança, sendo mais frequentes naquelas com transtorno de espectro autista. A síndrome de *Savant* não tem cura, mas existem tratamentos que ajudam a melhorar as capacidades de comunicação e compreensão, oferecendo uma melhor qualidade de vida.

Entre as principais habilidades dos portadores da síndrome de *Savant* estão:

- **Memorização** – É a capacidade mais comum entre os *savants*.
- **Cálculos mentais** – São capazes de fazer cálculos matemáticos extraordinários, mentalmente.
- **Aptidão musical** – Eles podem reproduzir uma peça musical inteira após a ouvirem apenas uma vez.
- **Talento artístico** – Apresentam excelente capacidade para desenhar, pintar ou fazer esculturas complexas.
- **Línguas** – Eles conseguem compreender e falar mais de uma língua, existindo casos em que se desenvolvem em até 15 idiomas diferentes.

Entre os incríveis exemplos de *savants* deve-se citar o norte-americano Kim Peek (1951-2009) e do britânico Daniel Tammet. Kim Peek se tornou conhecido como o "**homem biblioteca**", pois conseguia ler um livro de 300 páginas em 40 min, uma página com cada olho. Desde a sua infância até a sua morte com 58 anos, estima-se que ele tenha lido mais 11.000 livros, sendo que jamais esquecia nenhuma palavra deles!?!?

Kim Peek, sabia de cor a história de todos os países, seus presidentes, a data de nascimento de todos eles e quem foram suas esposas. Ele recitava qualquer trecho da *Bíblia* e do *Alcorão*, porém, ele mal conseguia falar, não sabia abotoar a camisa e, quando criança, recomendaram que ele fosse internado pelo resto da vida.... Kim Peek serviu de inspiração para o filme *Rain Man* (1988), com o qual Dustin Hoffman ganhou o Oscar de melhor ator.

Daniel Tammet, por sua vez, era chamado por muitas pessoas de "**capitão Pi**", uma vez que ele conseguia recitar o número π (pi) inteiro, com seus milhares de algarismos após a vírgula. Se alguém pedisse a ele que calculasse o resultado de alguma operação, por mais complicada que fosse (por exemplo, quanto seria 13 elevado à 6ª potência), ele responderia rapidinho o número correto, ou seja, **4.826.809**. As respostas surgiam como que por mágica da cabeça de Daniel Tammet, que, apesar de ser incrível com os números, era muito tímido.

A rede de TV norte-americana PBS lhe fez um desafio: aprender islandês (uma língua que até para quem nasceu na Islândia é complicada) em uma semana!!! Sete dias depois, Daniel apareceu num *talk show* em Reykjavik (capital da Islândia), dizendo que o idioma deles era *mjög fallegur* ("muito bonito" em islandês), e comunicando que era a 11ª língua que aprendera para **falar fluentemente**. Apesar de até ser bem comunicativo, Daniel Tammet sente-se perturbado quando anda em ruas movimentadas, e é tão deligado que não consegue pegar um ônibus sem se perder!?!?

Certamente Peek and Tammet constituem uma classe de pessoas da qual também fizeram parte muitos outros gênios, como Isaac Newton (1643-1727) e Albert Einstein (1879-1955). Sabe-se que Newton, por exemplo, mal abria a boca para conversar, e costumava ficar tão imerso no trabalho que mal se alimentava. Einstein, por sua vez, foi um menino bastante solitário, comportando-se como um autista até os 7 anos, e repetindo as mesmas frases sem parar!?!? Quando começou a lecionar ele se tornou conhecido como um **sujeito confuso**, e indubitavelmente era bastante excêntrico.

O substantivo "**talento**" significa ter uma disposição e a uma habilidade. Apesar de muito parecido em significado com a palavra **dom**, o **talento** se distingue por ser **passível de aperfeiçoamento**. Trata-se, portanto, de uma aptidão, uma predisposição para se fazer algo bem-feito, mas que, entretanto, demandará muito treino, disciplina e perseverança para que resultados plenos sejam alcançados.

01

Toda pessoa que quer atualmente expandir o seu talento, isto é, incrementar seus pontos fortes, deve fazer uma análise para atribuir a si mesma uma avalição sobre como estão suas virtudes ou seus comportamentos dentro da seguinte lista:

Simplicidade	Persistência	Mente aberta	Doçura
Iniciativa	Clarividência	Honorabilidade	Pureza
Fidelidade	Prudência	Realismo	Assunção de riscos
Integridade	Resiliência	Amor	Busca do êxito
Curiosidade	Coerência	Cidadania	Entusiasmo
Amabilidade	Tolerância	Liderança	Inteligência social
Imparcialidade	Audácia	Visão	Generosidade
Vitalidade	Compaixão	Esperança	Humildade
Espiritualidade	Comunicação	Humor	Desenvolvimento
Generosidade	Concentração	Empatia	Adaptabilidade
Cordialidade	Personalização	Ética	Agilidade
Racionalidade	Organização	Estética	Aperfeiçoamento

Atento (a) leitor (a), em quais dessas **virtudes** você mais se destaca?

Neste sentido, dependerá apenas **do próprio indivíduo** destacar-se nas atividades por ele executadas!!! E é aí que o genial Albert Einstein acertou em cheio ao salientar: "Todo talento é 1% inspiração e 99% transpiração!!!" É simplesmente **impossível mensurar** o **talento** e a **vocação** das pessoas, uma vez que não conhecemos o que se passa dentro delas – do seu interior.

Na **vocação** a pessoa exibe **coragem**, e demonstra claramente o que realmente quer. Assim, todo vocacionado vai à luta, de forma destemida, aproveitando aquilo no que já tem facilidade para alcançar o que deseja. Já a pessoa **talentosa** precisa de **tempo**, **esforço** e muita **dedicação** para colher "**bons frutos**" com a sua atividade. Ela também precisa dos "olhos sensíveis" daqueles que observam seu trabalho, **reconhecendo-o** como valoroso.

O talento é algo que precisa ser descoberto e aperfeiçoado, mas que também pode permanecer soterrado dentro do indivíduo que o possui. Isso acontece pelo fato de a pessoa não compreender (conhecer) exatamente o que ela pode ou não realizar. Em outras palavras, o talento é uma habilidade que possuímos para alcançar uma condição excepcional, considerando nossa vocação. Portanto, de maneira bem simplificada, pode-se dizer que: "Uma pessoa alcança uma **maior realização profissional** quando segue sua **vocação**, usa o seu **dom** e desenvolve o seu **talento**!!!"

Entre os vários livros incríveis escritos por Ken Robinson, um deles é o *Elemento-Chave* (publicado no Brasil em 2010), no qual ele escreveu: "**Talento** é o **ponto de encontro** entre a **aptidão natural** (o que a pessoa possui) e a **paixão pessoal** (o que se ama). Quando encontram o seu **elemento**, as pessoas se conectam com algo fundamental para sua identidade, seu propósito de vida e seu bem-estar. E isso lhes proporciona uma experiência de autorrealização, isto é, com a **certeza** de que de fato **nasceram para fazer o que escolheram**!!!"

Infelizmente não existe uma fórmula exata para encontrar o elemento, pois ele é diferente para cada pessoa. Há pessoas que sentem paixões similares para uma ou mais atividades e são boas em todas elas (viram generalistas...), outras podem ter uma única paixão e apenas **uma aptidão** que as gratificam, mais do que quaisquer outras (elas se tornam excelentes especialistas...).

Durante algum tempo o conceito de talento na ótica de alguns especialistas que se dedicaram ao seu estado tornou-se: "Talentoso é qualquer indivíduo que **agregue valor** para uma empresa na atividade que executa dentro dela!!!" Dessa maneira, para eles o talento não está presente somente em “**alguns poucos especiais**”, mas sim nos “**muitos vitais**”. Claro que o talento definido como a capacidade de uma pessoa agregar valor, o torna bem abundante. Isso é de fato um exagero!!!

Ocorreu até o uso “distorcido” do termo talento, tendo sido empregado até para qualificar alguém fisicamente atraente como talentoso, se bem que é preciso ter talento para criar **capital erótico**!?!?

Uma forma mais correta de se definir uma pessoa talentosa seria: “Alguém que possui domínio em determinada área e, portanto, é capaz de contribuir amplamente com seu conhecimento, (aptidão) deixando um importante legado para que futuras mudanças aconteçam.”

Já quando alguma organização quer contratar uma pessoa talentosa, comumente para ele é aquele que: “Identifica-se com missão, a visão e os valores da empresa, que possui potencial para se desenvolver, crescer, e consegue perceber o que deve ser feito e tem disposição e atitude para realizar cada vez mais e melhor as suas tarefas.”

Qual é o “imã” que uma empresa deve utilizar para conseguir atrair os profissionais talentosos para fazê-la progredir? Parece que é ter um plano de carreira muito bem definido...

Porém, o número de pessoas **brilhantes** em nosso mundo – aquelas de fato talentosas que conseguem oferecer contribuições – é relativamente escasso. Por essa razão, elas precisam ser reconhecidas, estimuladas e potencializadas!!!

As principais características de um indivíduo talentoso são: **paixão, percepção, visão, julgamento, motivação (inspiração), influência e alto desempenho**. Elas fazem parte dos **sete segredos do talento**, que juntos formam o acrônimo **SECRETS**:

1º) **Sonhar** – O indivíduo talentoso vai em busca de concretizar o seu **sonho**.

2º) **Elencar** – A pessoa talentosa enumera e avalia continuamente seus pontos **fortes** e **fracos**.

3º) **Cultivar** – É alguém que cultiva sua **disciplina** e **determinação**.

4º) **Representar** – Ele estrutura suas **ideias** e **ações** de forma impecável e insuperável.

5º) **Envolver** – Ele sempre se envolve com os **aspectos positivos**.

6º) **Tomar atitude** – O indivíduo talentoso exibe uma **atitude persistente**.

7º) **Salientar** – A pessoa evidencia sua visão de "**próximo passo**", ou seja, ela demonstra seu apetite pela próxima realização.

BRILHE 10

Se você ainda não sorriu hoje, aí vai uma coletânea de situações que certamente provocarão pelo menos uma risadinha sarcástica (ou até mesmo uma gargalhada) após sua "análise".

a)

"Você entraria nessa floresta?"

b)

"Esse é um exemplo de que há uma 'ferramenta' que nos permite obter mais em menos tempo?"

c)

"É assim que se manifesta a lei de Murphy?"

d)

"Não pode haver tal 'confusão' sobre posicionamento nos dias de hoje?"

e)

“Acredite em você mesmo. Tenha confiança.”

f)

NUNCA DESISTA!
LUTE!

“Vá até o fim. Será que consegue sobreviver?”

Tenho certeza de que você deu muitas risadinhas, o que foi muito legal!!

Se você busca crescimento profissional, e granjeia a reputação de ser uma pessoa talentosa, deve descobrir como se tornar cada vez **mais criativo**, tanto no trabalho como na própria vida pessoal!!! Note-se que já há um bom tempo a universidade de Harvard (EUA) divulgou uma pesquisa que demonstra que apenas **15% da criatividade** de uma pessoa é uma aptidão natural, e **85%** dela pode ser adquirida por meio de treinamento e aprendizado.

Nesse aprendizado destacam-se **cinco elementos** fundamentais para o desenvolvimento do talento de ser criativo. Assim, para ser criativa uma pessoa deverá: valer-se de **associações**, **questionar** de forma contínua, ser cuidadoso nas **observações**, manter **relacionamentos** (inclusive com indivíduos que pensam de forma diferente...) e envolver-se com a **experimentação** (em especial o empreendedorismo).

Vivemos em tempos nos quais as empresas precisam implementar as mais variadas TDs, que, por sua vez, necessitam de pessoas talentosas para realizá-las. Por conta disso, essas empresas precisam cada vez mais atrair, desenvolver e reter essas mentes brilhantes. Mas essa tarefa não tem sido executada com muito sucesso...

O fato é que as empresas devem inovar sem parar. Todavia, de uma forma simbólica, pode-se dizer que para alcançar a inovação é preciso contar com muitos talentos, cuja capacidade seja ainda mais incrementada pela tecnologia que utilizam (no expoente). A fórmula, portanto, é a seguinte:

$$\text{INOVAÇÃO} = \text{TALENTOS}^{\text{TECNOLOGIA}}$$

E agora que você já percebeu a distinção entre dom, vocação e talento, é hora de valer-se desses elementos para se tornar um **eficaz generalista** ou um **excelente especialista**.

▶ Por que se tornar um generalista ou especialista?

As demandas do mercado de trabalho variam muito, especialmente devido as inovações e ao surgimento de novas tecnologias. Porém, dizendo de uma forma direta e um tanto simplificada, tanto os profissionais com amplos conhecimentos – os **generalistas** – quanto aqueles com conhecimentos específicos – **especialistas** – são muito requisitados.

No dicionário explica-se a palavra "**generalista**" como: "Indivíduo com talentos, conhecimentos e interesses que se estendem por diversos campos, sem que haja o confinamento numa especialização única." Já a palavra "**especialista**" é atribuída àquela pessoa que "possui conhecimentos profundos e habilidades excepcionais em determinada prática, atividade, ramo de saber ou ocupação." Para ilustrar de forma bem simples, no campo da medicina temos o **clínico geral** como **generalista**, e o **oftalmologista** como o **especialista** no tratamento de doenças dos olhos.

No lançamento do livro *Roda da Melhoria* (DVS Editora – 2014), que escrevi com o meu filho Victor Mirshawka Jr., entre muitos presentes ilustres, estava o jornalista esportivo, escritor e historiador Orlando Duarte (1932-2020), que ficou conhecido como "o **eclético**", pois como poucos, com muita propriedade sabia transmitir e comentar as mais diversas competições esportivas (futebol, basquete, tênis, boxe, atletismo etc.) Ele (que está de pé) foi realmente um excelente exemplo de um "**generalista esportivo**"!!!

É bem comum que no início da carreira o profissional seja mais generalista, uma vez que ele ainda está explorando o mercado... Porém, com o passar dos anos, a experiência adquirida e até mesmo seu envolvimento mais profundo com assuntos específicos, poderá transformá-lo num especialista!!! Claro que a opção entre as duas áreas está associada ao objetivo de longo prazo do profissional, e com a maneira como ele **pretende gerenciar sua vida** e **sua carreira** (!!!). É crucial, entretanto, que todos se mantenham atentos ao mercado de trabalho.

Vale ressaltar que um profissional generalista não pode ser na prática um "**superficialista**", ou seja, alguém que em vez de ler o livro inteiro, contenta-se em ler apenas a introdução do mesmo. Tampouco o profissional especialista pode se concentrar apenas numa determinada coisa, esquecendo de todo o resto!!! Como já foi dito anteriormente, as *soft skills* são habilidades importantes para qualquer tipo de profissional, seja o generalista ou o especialista.

Um levantamento recente mostrou que **9** em cada **10 profissionais** têm sido **contratados** por seu **perfil técnico** – as *hard skills* – porém, esses mesmos profissionais acabam sendo **demitidos** por **deficiências comportamentais** – que fazem parte das *soft skills*. É por isso que particularmente os especialistas precisam aprimorar sempre sua capacidade emocional.

- **Mas o que é melhor para a evolução de um profissional: ser um generalista ou um especialista?**

Vivemos numa época em que estamos **cada vez mais conectados**; em que, cada vez, **pessoas diferentes** são agrupadas para o trabalho conjunto, com a função de solucionar problemas complexos. O generalista, por ter uma visão ampla do todo e uma compreensão mais integral dos diversos assuntos, costuma "pensar fora da caixa", e, por conta disso, pode ajudar a tomar decisões melhores e se mostrar mais criativo.

Em cargos de gestão, é fundamental possuir uma visão macro sobre os negócios. Portanto, as pessoas que almejam atuar como gestores, precisam adquirir as habilidades que as caracterizam como profissionais generalistas. Afinal, elas precisarão dialogar com diversas áreas de uma empresa.

Os generalistas são também melhores para lidar com situações de incerteza e ambiguidade de mundo VICA, ou com as fragilidades e ansiedades do mundo FANI, o que lhes confere grande valor!!! Obviamente o generalista não consegue ter um conhecimento aprofundado em todas as áreas, mas isso não significa, como já foi dito, que ele pode ser um completo "superficialista". O que esse profissional conhece precisa ser o suficiente para que consiga desenvolver uma administração eficaz, tendo a capacidade de recorrer sempre aos especialistas para a solução de problemas mais complexos.

BRILHE 11

Para desenvolver-se continuamente uma pessoa, especialmente como uma **generalista**, deve ampliar as suas aptidões no tocante a **memorizar**, **compreender**, **aplicar**, **analisar**, **avaliar** e **criar**.

Você é capaz de obter para cada um desses **seis** verbos **sete** sinônimos que levam a uma ação semelhante, ou seja, uma intervenção que caracterize algo ligado a cada um deles.

Já no que se refere ao **profissional especialista**, deve-se destacar inicialmente que para vagas de emprego que buscam pessoas para exercer uma função altamente especializada, tem-se em mente alguém que já tenha estudado bastante e adquirido experiência suficiente para merecer a reputação de especialista, e que ostente um talento formidável. Nesse caso, oferecem-se boas remunerações, mesmo até para quem está no início da carreira.

Um típico exemplo desse tipo de profissional é o especialista em TI, que é muito demandado nessa 3ª década do século XXI. Lamentavelmente, em particular no Brasil, temos uma expressiva escassez de profissionais que dominem certas áreas de conhecimento, vitais para que transformações digitais significativas sejam promovidas nas empresas.

Os profissionais especialistas acabam ganhando muito respeito na sociedade graças à perícia que demonstram, Assim, quando surgem dúvidas e as pessoas precisam de socorro para solucionar seus problemas, elas recorrem a um especialista. Isto é o que acontece quando se tem problemas de saúde e procura-se o melhor médico especialista para solucioná-los, ou quando uma empresa se depara com dificuldades na gestão, e busca um consultor especialista na área.

Mas se os **generalistas** possuem muitas **opções de carreira,** já os **especialistas** podem ter mais **dificuldades** em determinados casos na hora de se recolocar no mercado, pois as alternativas de emprego na área em que eles se focaram podem ter passado por grandes mudanças, e a própria especialização deles se tornado **obsoleta**!?!? Isso significa que um especialista não está fadado a ser **sempre** um **especialista**, enquanto o **generalista** poderá também querer **especializar-se** numa determinada área!?!?

OI

Esta deveria ser uma era em que a nossa maior preocupação a cada dia seria descobrir as melhores maneiras de ocupar todo o **tempo livre adicional** que temos à nossa disposição, pois graças a tecnologia muito de nosso trabalho fatigante e enfadonho foi eliminado...

Todo esse tempo extra a nossa disposição (!?!?) nos deveria enriquecer a vida por meio de mais educação, do lazer, de um trabalho absorvente e estimulante e do desenvolvimento pessoal e cultural. Entretanto as muitas TDs implementadas não trouxeram esse **cenário fantasioso** e a realidade em que se está é muito **menos idílica**!!!

De um lado as pessoas foram pressionadas a se **especializar** cada vez mais e isso bem depressa e por outro lado, continua-se a salientar a importância da "**desespecialização**" e do desenvolvimento de "**habilidades múltiplas**". Como resultado surgiram muitas pessoas que se tornaram mais produtivas, ou seja, realizando mais do que faziam costumeiramente com custo mais baixo e obviamente muitas empresas, pelo menos quanto aos aspectos técnicos, ficaram mais eficiente do que eram antes, fazendo o que tinham de fazer com gastos mais baixos [se bem que em diversos casos isso não quer dizer que seus produtos (serviços) baratearam...].

Hoje em dia, a maioria de nós está trabalhando com mais afinco (inclusive aqueles que fazem isso no *home office*...), por um período mais prolongado e mais intensamente do que jamais se fez antes!!! Nosso desempenho agora é objeto de um escrutínio mais rigoroso, nossa responsabilidade aumentou e a segurança de manutenção do emprego diminuiu (corremos cada vez mais o risco de sermos substituídos por "máquinas inteligentes"), o que nos força a nos aperfeiçoarmos cada vez mais naquilo que os seres humanos ainda fazem melhor...

Naturalmente, em qualquer etapa da sua carreira, você deve **aperfeiçoar-se**, envolver-se com novos estudos e mudar inclusive seu **perfil**, seja se aprofundando em algum assunto ou estudando algo fora de sua especialidade.

▶ Não é por isso que se falou antes de upskilling e reskilling?

As empresas no futuro vão continuar precisando de funcionários que contemplem ambos os perfis. Existem inclusive formas de um especialista se generalizar e de um generalista se especializar, sem que esses profissionais percam suas características originais!!!

Se você for apaixonado por algum assunto específico, e acredita ter vocação para trabalhar com isso, é uma boa ideia se tornar um especialista nesse campo. Mas se não tiver tanta certeza, como já foi mencionado, a melhor solução é começar como um generalista, para então definir-se como um especialista mais tarde... Saiba, de antemão, que se você se preparar bem e dedicar-se bastante aos seus objetivos profissionais, conseguirá alcançar o sucesso desempenhando qualquer das duas funções.

E como estamos falando bastante sobre especialização, é oportuno nos aprofundarmos na **teoria das 10.000 h**. Em 1993, o professor Karl Anders Ericsson, da Universidade do Colorado (EUA), publicou uma pesquisa que causou um grande estardalhaço no mundo acadêmico.

Ele acompanhou vários **estudantes de violino**, desde a infância até o final da adolescência, para **descobrir** o que diferenciava os que se tornaram músicos **extraordinários** daqueles **medianos**!?!? No final de seu estudo, Ericsson constatou que os violinistas mais talentosos foram aqueles que haviam praticado **em média 10.000 h**, enquanto os que exibiram menor dose de talento foram os que praticaram **somente 4.000** h!?!?

Como consequência, o pesquisador concluiu o seguinte: "Muitas das características ou aptidões que outrora acreditava-se estarem associadas ao talento inato do indivíduo resultavam na realidade de uma prática mínima de 10.000h."

▶ Isso significa que qualquer um pode virar um *expert* em qualquer assunto?

Quase isso! Todavia, alcançar esse objetivo sempre exigirá muito esforço e tempo de estudo e/ou de treinamento por parte da pessoa. Aliás, deve-se compreender o *expert* como o indivíduo que, ao longo de todo o seu percurso, foi adquirindo conhecimentos e habilidades em uma determinada área, o que lhe permitiu demonstrar uma aptidão útil e relevante na compreensão de certas situações, bem como chegar à solução de problemas complexos – em outras palavras, a tornar-se um **especialista**, e demonstrar a capacidade de chegar a respostas ou à solução de problemas pessoais ou dificuldades que atrapalham o bom funcionamento de uma empresa.

Tornar-se um especialista (ou *expert*) já é difícil, mas conseguir se firmar como um dos melhores especialista em alguma área é obviamente **ainda mais complicado**!!! Isso porque ser um especialista não se restringe apenas a **encontrar** o problema, mas a saber **resolvê-lo**!!!

Caso você queira um exemplo concreto e vivo do que é preciso para triunfar durante muito tempo, inspire-se na vida do excepcional jogador de futebol português, Cristiano Ronaldo, que segue uma rígida dieta alimentar e dedica-se intensamente aos treinamentos diários.

Anos mais tarde, após a divulgação da pesquisa de Ericsson, e com base na mesma, o renomado escritor inglês Malcolm Gladwell lançou em 2008 o livro *Outliers – Fora de Série* – que, de acordo com o jornal *The New York Times* se tornou um *best-seller* e permaneceu na lista dos mais vendidos durante 272 semanas –, no qual ele difundiu bastante a teoria das 10.000 h.

Costumamos acreditar que as trajetórias excepcionais, como aquelas de gênios e celebridades que revolucionaram o mundo dos negócios, das ciências, dos esportes etc., aconteceram principalmente devido aos seus talentos inatos!?!? Porém, Malcolm Gladwell descreveu em seu livro o desenvolvimento de várias personalidades brilhantes, revelando o enorme esforço que cada uma delas fez para alcançar as habilidades excepcionais que as caracterizaram!!!

Ele destacou que essas pessoas se tornaram *experts* após um pouco mais de 9 anos, durante os quais **todos os dias** elas se dedicaram aproximadamente 3 h para o seu aprimoramento ou então 500 semanas consecutivas com 20 h de aperfeiçoamento em cada uma delas!!!

Ressalte-se que números semelhantes já tinham sido amplamente difundidos particularmente nas artes marciais, quando há um bom tempo Lee Jun-fan (1940-1973), que se tornou mundialmente conhecido como Bruce Lee – ator, diretor, instrutor de artes marciais e filósofo sino-norte-americano – disse: "Eu não tenho medo de um homem que treinou 10.000 chutes, mas sim daquele que treinou um **único chute** 10.000 vezes!!!"

Claro que a teoria das 10.000 h causou também algumas "**desconfianças**" e até **frustrações**, pois nem todo mundo acreditou nela, particularmente no **esporte**!!! E isso porque, apesar de parecer consistente em um primeiro momento – afinal das contas, os atletas de um modo geral começam a treinar muito cedo, assim como os músicos, os dançarinos etc. –, a teoria das 10.000 h deixou de considerar diversos fatores.

Algo que mais causou perplexidade foi o fato de que, nessa teoria, não se deu a devida importância à individualidade humana, o que alguns também chamam de **dom**, tampouco para a **vocação** das pessoas. Graças a muitos dados científicos e ao empirismo, já se sabe que existem certos tipos de aptidões e habilidades que se sobressaem em cada pessoa, e tal fato permite alterar bastante a quantidade de **horas de aperfeiçoamento** necessárias para se chegar à excelência. Além disso, fatores biológicos e sociais também influenciam muito esse tempo de aprimoramento.

E não se pode esquecer da **qualidade técnica** do professor ou do treinador (*coach*) que se tem para adquirir o conhecimento ou a habilidade esportiva, que obviamente tem influência na velocidade e eficiência desse processo de evolução para se tornar alguém **excepcional**!!! Todo treinador sabe que nem toda hora de treino é igual!!!

Além disso, cada pessoa absorve de sua maneira o tipo de metodologia de treinamento. Por isso, é extremamente importante que o treinador esteja atento a cada aprendiz, e assim perceba como ele reage ao longo das semanas. No caso do basquete – que pratiquei por muito tempo – os fundamentos podem ser treinados por certos períodos de tempo, mas "quicar" a bola de maneira estática – especialmente por 10.000 h seguidas... – não fará com que o jogador tenha o melhor domínio da bola e nem do jogo!!!

Aliás, o próprio Ericsson destacou que existem três tipos de treino: o **tradicional** (focado em repetições constantes); o **deliberado** (concentrado na melhoria do desempenho) e o **com propósito** (encarando uma modalidade esportiva na sua totalidade).

E por mais irônico que possa parecer, o próprio treinador está submetido a teoria das 10.000 h ao longo de sua carreira... Uma coisa é **indiscutível**: somente através de muito treinamento adequado, com uma equipe qualificada de instrutores é que uma pessoa consegue alcançar um **desempenho invejável** em qualquer que seja o esporte!!!

Aí vão dois relatos que comprovam tanto o funcionamento da teoria das 10.000 h quanto a necessidade de se ter bons instrutores, partindo é claro do pressuposto de que o indivíduo que estiver sendo treinado demonstre comprometimento com o objetivo de alcançar um nível incrível no seu esporte de preferência.

Inicialmente vejamos como as irmãs Susan, Sofia e Judit Pólgar evoluíram de forma espetacular no **xadrez**. As três fizeram parte de um **experimento educacional conduzido pelo seu pai**, o húngaro Lazló Pólgar (auxiliado pela sua esposa Klóva), na tentativa de provar que suas filhas poderiam se tornar enxadristas notáveis se fossem treinadas nesse **esporte especial** desde cedo, pois a sua tese era: "**Gênios não nascem prontos; eles são feitos**!?!?"

Tradicionalmente o xadrez naquela época era uma atividade dominada pelos homens, e as mulheres eram vistas como **jogadoras inferiores**, tendo possibilidades apenas em competições femininas!!! Porém, desde o início, Lázló Pólgar foi contra essa ideia de que as filhas tivessem de participar apenas de jogos exclusivamente entre mulheres!!! Ele escreveu: "As mulheres são capazes de alcançar resultados semelhantes aos dos homens nas **atividades intelectuais**. O xadrez é uma forma de atividade intelectual, então o que penso se aplica a esse jogo. Consequentemente, rejeito qualquer tipo de discriminação a esse respeito."

Isso colocou Lázló Pólgar em conflito com a Federação Húngara de Xadrez, cuja política na época difundia que as enxadristas deveriam jogar em torneios exclusivos para mulheres. Susan, a mais velha das irmãs foi a primeira a desafiar a burocracia da Federação Húngara, jogando em torneios masculinos e recusando-se com frequência a jogar em torneios femininos. Em 1985, quando tinha 15 anos e já era mestre internacional, Susan afirmou que foi devido a esse "conflito" – não querer jogar contra outras mulheres – com a Federação que lhe foi negado naquela idade o título de grande mestre, apesar de já ter conquistado as normas para tal.

Judit Pólgar (que nasceu em 23 de julho de 1976, sendo a mais nova das três), poucas vezes competiu em eventos exclusivos para mulheres, e **nunca** participou da disputa pelo Campeonato Mundial Feminino de Xadrez!!! Ela declarou: "Eu sempre digo que as mulheres devem ter a autoconfiança de que são tão boas jogadoras quanto os homens. Para isso, porém, devem estar dispostas ao estudo árduo, assim como a levar o jogo tão a sério quanto os jogadores masculinos."

Por ser a mais velha (cinco anos a mais que Sofia e sete que Judit), Susan Pólgar foi a primeira a se destacar, conquistando vários torneios e, em 1986, se tornou a **mulher Nº 1 do mundo no xadrez**!!! Por sua vez, Judit no início teve um treinamento separado das irmãs mais velhas, o que acabou despertando nela ainda mais a sua ansiedade para evoluir o jogo. Depois de algum tempo, entretanto, Judit já conseguia também encontrar as soluções para os exercícios que as outras irmãs estavam estudando e logo passou a estudar em grupo com elas...

Aliás, uma certa manhã, Susan estava estudando um problema de final de jogo com o seu treinador, um mestre internacional, e como eles não conseguiam encontrar a solução, resolveram acordar Judit. Ainda sonolenta, a menina rapidamente mostrou a eles como resolver o problema e, posteriormente, levada de volta a cama para terminar seu sono.

O experimento educacional de Lásló Pólgar produziu uma mestra internacional (Sophia) e duas grandes mestras intrenacionais (Susan e Judit), fortalecendo o argumento do **adquirido** sobre o **inato**. Ele também provou que as melhorias podem se tornar espetaculares no xadrez (!!!) apesar de também ficar evidenciado o fato de que isso depende do esforço e do talento de cada um (a). Vale lembrar que, neste caso, as três irmãs receberam os mesmos cuidados ao longo do seu processo de aperfeiçoamento.

Treinada nos primeiros anos por sua irmã Susan (que se tornou campeã mundial feminina), Judit Pólgar foi prodígio no xadrez desde muito cedo!!! Aos cinco anos ela derrotou um amigo de família **sem olhar para o tabuleiro**, apenas imaginando e dizendo as jogadas. Depois da partida, esse amigo brincou dizendo: "Você é boa no xadrez, mas eu sou bom cozinheiro." Judit retrucou: "**Você consegue cozinhar sem olhar para o fogão?**"

De acordo com Susan, Judit talvez nem fosse a mais talentosa das irmãs, e justificou: "Ela começou lentamente, mas com certeza foi a mais dedicada ao estudo do xadrez entre nós três." E de fato Judit Pólgar ficou realmente obcecada pelo xadrez!!! Ela derrotou pela primeira vez um mestre internacional aos 10 anos, e outro grande mestre aos 11 anos.

Aos 12 anos Judit conquistou o título de mestre internacional, bem antes que os ex-campeões mundiais Garry Karparov e Bobby Fisher alcançarem esse nível (ambos com 14 anos nessa época) e por isso o ex-campeão mundial Mikhail Tal afirmou que Judit tinha potencial para vencer o campeonato mundial absoluto, disputado por homens e mulheres.

Em novembro de 1988 Judit e suas irmãs fizeram parte da equipe feminina da Hungria na Olimpíada de Xadrez, visto que na época a Federação Internacional não permitia que elas competissem na equipe masculina. A equipe feminina húngara ganhou a medalha de ouro, **derrotando pela primeira vez a equipe da então URSS**. Judit Pólgar, no segundo tabuleiro, conseguiu 12 vitórias em 13 partidas, conquistando também a medalha de ouro individual. Além disso, ela ganhou o prêmio de melhor partida, contra Pavlina Angelova.

Em janeiro de 1989, ainda com 12 anos de idade, Judit Pólgar ocupava a 55ª posição no *ranking* mundial de enxadrismo, com 2.555 pontos na classificação geral. Em 1990, ela e suas irmãs conquistaram novamente a medalha de ouro para a Hungria na Olimpíada de Xadrez. Em dezembro de 1991 Judit venceu o campeonato nacional de seu país, recebendo o título de grande mestre e se tornando na época a mais jovem competidora a conquistar esse feito, com apenas 15 anos e 5 meses de idade.

Com isso ela provou estar incorreto o infeliz – e bastante indelicado – comentário de Garry Kasparov, que disse: "Ela tem um talento fantástico para o xadrez, mas no fim das contas, é uma mulher. Tudo se resume às imperfeições da psique feminina. Nenhuma mulher consegue sustentar uma batalha prolongada."

A bem da verdade, anos mais tarde Garry Kasparov mudou de opinião após perder uma partida para Judit Pólgar, em 2002. Na ocasião ele ressaltou: "Ela mostrou que não há limites inatos para sua aptidão, algo que muitos jogadores homens se recusaram a aceitar, até que foram esmagados sem cerimônia por uma garotinha que ainda usava rabo de cavalo!!!"

Em julho de 2005 ela conseguiu finalmente superar a barreira dos 2.700 pontos e alcançar um *rating* de 2.735 pontos, tornando-se a 8ª jogadora do mundo (entre homens e mulheres). Durante sua carreira ela participou de 10 Olimpíadas de Xadrez, oito das quais na categoria absoluta, em que disputou com homens e mulheres, e duas vezes na categoria feminina. Em 13 de agosto de 2014 Judit Pólgar anunciou sua aposentadoria do xadrez competitivo, permanecendo até hoje como **a melhor enxadrista de todos os tempos**.

Vale citar que, apesar de o jogo de xadrez ter perdido bastante de sua magia – hoje temos "máquinas inteligentes" capazes de ganhar até mesmo do melhor jogador do mundo, como o novo jogador prodígio, o norueguês Sven Magnus Oen Carlsen. Ele nasceu em 30 de novembro de 1990 e já em 2004 se tornou o mais jovem grande mestre da história do xadrez, alcançando o *rating* máximo até o momento – 2.882 pontos. Ele tem se mantido como campeão do mundo do xadrez clássico desde 2013, até os dias de hoje!!!

Curioso (a) leitor (a), caso você não jogue nem aprecie o xadrez, mas tenha gostado da história das irmãs Pólgar, uma boa opção é assistir a minissérie da Netflix *O Gambito da Rainha*. Nela o xadrez é mostrado como nunca antes na TV. Aliás, essa minissérie foi muito premiada em 2021, tendo inclusive sido a mais vista nos 28 dias seguintes ao seu lançamento, e assistida em cerca de 62 milhões de lares em todo o mundo!!!

O Gambito da Rainha é uma adaptação de um romance do mesmo nome de Walter Tevis (1928-1984), publicado em 1983. Não se trata de uma história real, tampouco a personagem principal, Beth Hermon, existiu. De qualquer modo, essa personagem fictícia foi descrita inicialmente como uma garota de 9 anos que perdera os pais. Ela passou seus dias num orfanato e, apesar de muito quieta e tímida, ganhou notoriedade quando descobriu seu **talento** para o xadrez. Porém, ela precisava tomar remédios tranquilizantes que, como efeito colateral, provocavam alucinações e dependência!!!

Existem vários elementos reais e autobiográficos nessa minissérie, uma vez que o autor do romance se interessava bastante pelo xadrez, tendo praticado o "esporte" por muito tempo. Além disso, o autor de fato sofreu com uma doença cardíaco-reumática que o levou a tomar várias e várias doses de remédios fortes no hospital.

O mais interessante é que para criar a extremamente inteligente personagem Beth Harmon – interpretada na minissérie pela bonita atriz Anya Taylor-Joy –, Walter Tevis declarou publicamente não ter se inspirado em qualquer personalidade do mundo do xadrez. Sua inspiração veio de mulheres bem próximas às quais considerava destemidas e inteligentes, como: sua irmã (com quem costumava jogar; sua tia (que lhe deu o primeiro conjunto de xadrez de sua vida); sua esposa e também a sua filha.

Bem, apesar de a minissérie de sete capítulos *O Gambito da Rainha*, produzido por Scott Frank, não ter se inspirado numa história real, menciona-se nela que a famosa enxadrista Nona Gaprindashvili (a primeira mulher a receber o título de grande mestre de xadrez em 1977), como uma jogadora que jamais havia enfrentado oponentes do sexo masculino durante sua carreira!!!

Essa enxadrista georgiana, agora com 81 anos, sentiu-se difamada, uma vez que naquela época ela já havia participado de competições com mais de 50 homens. Ela considerou os comentários na minissérie como sexistas e depreciativos, e abriu um processo contra a Netflix, exigindo US$ 5 milhões por danos morais – algo que foi aceito pela juíza Virginia A. Philips em 27 de janeiro de 2022...

Bem, prezado (a) leitor (a), animou-se para assistir essa minissérie? Ela é bastante interessante, pois descreve o esforço de uma mulher que, apesar dos traumas do passado e do vício em medicamentos, foi capaz de alcançar o ápice e se tornar a maior jogadora de xadrez do mundo?!?

Outra história incrível sobre dedicação e treinamento num esporte foi a das incríveis tenistas, as irmãs Venus e Serena Williams. Ela foi contada de forma interessante no filme *King Richard: Criando Campeãs*, cujo papel título foi interpretado por Will Smith. Aliás, o ator Will Smith ganhou em 2022 o Oscar como o ator com melhor atuação. Infelizmente nessa cerimônia se comportou de uma maneira esdrúxula, ao agredir o apresentador Chris Rock por ter feito uma piada sobre sua mulher. Will Smith foi punido e banido do Oscar por dez anos...

Fora do que se apresentou no filme, o verdadeiro Richard Williams, por sua vez, apesar do seu comportamento discutível, dedicou-se integralmente a transformar suas duas filhas do segundo casamento em verdadeiras estrelas do tênis. Mas isso não se deu por amor ao esporte, mas pelo fato de ele enxergar o grande potencial financeiro que aquilo representava. E ele **acertou**!!!

Ele ficou muito impressionado quando no final da década de 1970 viu uma jovem receber um polpudo prêmio por ter vencido um torneio de tênis e a partir daí começou a se interessar muito pelo esporte e passou a planejar o que faria com as suas filhas em termos de treinamento (antes mesmo de as duas terem nascido...).

Os Williams eram uma família afro-americana. Venus nasceu em 1980 e Serena em 1981 e, para que alcançassem o desempenho excepcional desejado, ambas passavam muitas horas por dia treinando nas quadras públicas de Compton (Califórnia), uma cidade infestada por gangues. Dia após dia as duas garotas negras tinham de escutar os comentários ofensivos daqueles jovens criminosos, que lhes perguntavam o porquê de elas quererem jogar tênis, um esporte escolhido pela maioria branca.

Numa entrevista para o canal de TV CNN, Richard Williams declarou: "Eu sabia que mais cedo ou mais tarde as minhas filhas teriam que enfrentar também algum tipo de discriminação e críticas maldosas. Mas são essas críticas que servem muitas vezes para que cada pessoa dê o melhor de si. Preparei-as para que soubessem suportar com calma as agressões, inclusive as vaias e eventualmente outras maldades enquanto jogassem, especialmente em clubes privados.

E isso aconteceu inicialmente com Venus em 2000, no ambiente conservador de Wimbledon – o torneio da realeza, no qual as tradições mais antigas são preservadas – e onde por exemplo são proibidas quaisquer vestimentas coloridas ou extravagantes, e tudo deve ser branco, **como sempre**!!! É claro que a chegada de uma jogadora negra e inexperiente traria à tona a tal '**crueldade sutil**'. Aliás, eu agitei bastante o ambiente do lugar onde estava sentado, saltando, gritando e festejando como um doido a vitória final de Venus. Na ocasião eu exibi um cartaz que dizia: **'Esta é a festa de Venus, e ninguém foi convidado'**."

Bem, Venus Ebony Starr Williams se profissionalizou em 1994. Ela tinha um saque muito poderoso e em 25 de fevereiro de 202 foi a **primeira jogadora negra** a tornar-se **Nº 1** do mundo no *ranking* elaborado pela Associação de Tênis Feminino (ATF). Ela ganhou muitos torneios, dentre os quais 22 títulos no *Grand Slam* (nas categorias simples, duplas e duplas mistas).

Venus também se tornou a tenista a conquistar mais medalhas olímpicas – cinco no total – entre homens e mulheres. Ela também foi uma grande ativista no tênis, defendendo que homens e mulheres recebessem a mesma premiação em Wimbledon e Rolland Garros, apesar de elas jogarem uma melhor de três, enquanto os homens disputam uma melhor de cinco sets. Essa mudança no prémio acabou acontecendo a partir de 2007 em Londres, e a partir de 2008 em Paris. O fato é que ao longo de sua carreira Venus Williams recebeu cerca de US$ 42 milhões em premiações, um valor muito significativo, não é?

No que se refere a sua irmã Serena Jameka Williams, pode-se dizer que essa atleta se tornou uma das maiores e mais vitoriosas tenistas de todos os tempos, alcançando pela primeira vez o posto de Nº 1 do *ranking* mundial em 8 de julho de 2002, e passando 290 semanas consecutivas nessa posição.

Com uma atuação ofensiva, marcada por saques poderosos e contra-ataques devastadores, Serena Williams sempre procurou dominar o jogo desde o início. Isso lhe permitiu conquistar 39 títulos de *Grand Slam* (simples, duplas e duplas mistas), uma medalha olímpica de ouro nos Jogos Olímpicos de Londres, em 2012, além de outras três em duplas, nas Olimpíadas de 2000, 2008 e 2012.

De fato, ao longo de sua carreira Serena conquistou 73 títulos importantes, e amealhou pela sua participação em competições algo próximo de US$ 95 milhões em premiações – algo que nenhuma outra tenista jamais havia alcançado. Essa marca, aliás, só foi superada pela trinca de supertenistas: Roger Federer, Novak Djokovic e Rafael Nadal.

Em fevereiro de 2022, após o lançamento do filme *King Richard: Criando Campeãs* (o que no Brasil aconteceu a partir de 2 de dezembro de 2021), Serena deu uma entrevista para a revista norte-americana Harper's

Bazaar, na qual salientou: "Meu pai sempre nos disse para planejar as coisas com antecedência. Segundo ele, se você falha em planejar é porque você planeja falhar!!!

Desde muito jovens, tudo o que fizemos foi treinar muito, porém, nunca planejamos apenas jogar tênis ou sermos apenas tenistas. Agora, além de termos obtido todas essas vitórias nas quadras, eu e a minha irmã temos várias linhas de moda, uma empresa de capital de risco e uma empresa de *design* de interiores."

Pois bem, as irmãs Williams participaram do US Open 2022 (no início de setembro) e foram eliminadas tanto em simples como nas duplas, sendo que Serena num jogo emocionante foi derrotada pela novata australiana. Ajla Tomljanovic, tendo sido ovacionada, mas com tudo indicando que de fato encerrou sua carreira profissional...

Desde o início de 2022, por conta de lesões recentes, tanto Serena como Venus (ambas com mais de 40 anos) se afastaram das quadras. Contudo, elas ainda se mantem entre as 500 melhores do mundo. De fato, as duas até podem aceitar algum convite para jogar em torneios, se acharem que estão em condições de voltar às quadras.

Essas histórias de sucesso nos mostram o quanto é possível conquistar após 10.000 h de bom treinamento. Assista o filme *King Richard: Criando Campeãs* e veja isso por si mesmo, dando o devido desconto para alguns exageros, é claro (como descrever de forma tão positiva o próprio Richard Williams, que ao longo de sua vida comportou-se de maneira bem lamentável, chegando, por exemplo, a abandonar sua família – algo que não é mostrado no filme)!!!

OI

O circuito *Grand Slam*, também chamado de *majors*, engloba as mais importantes competições do tênis, que ocorrem anualmente em Melbourne (Australian Open), Paris (Rolland Garros), Londres (Wimbledon) e Nova York (US Open). Vale lembrar que no beisebol também se utiliza essa mesma denominação para a jogada mais espetacular desse esporte: quando uma rebatida manda a bola para fora do espaço oficial do campo (*home run*).

Não se pode esquecer que algumas pessoas muito esforçadas e talentosas conseguiram se tornar excepcionais em várias áreas ao mesmo tempo, passando a ser chamadas de **polímatas**.

▶ Um generalista é um polímata?

Inicialmente, deve-se destacar que essa palavra polímata vem do grego *polymátheia*, que etimologicamente significa **amplos conhecimentos**. Dessa maneira, uma pessoa com vasta cultura sobre diversos assuntos é considerada uma polímata.

No desenvolvimento da polimatia emergem três características: **abrangência**, **profundidade** e **integração**. A **abrangência** se refere ao conhecimento em domínios não adjacentes, não relacionados, ou seja, **não comuns** entre si!!! Já a **profundidade** é o oposto de **superficialidade**!!! Uma pessoa que possui abrangência sem profundidade deve ser classificada como **diletante** (o que, aliás, ocorre com um grande contingente de generalistas...) e não de polímata!?!?

A **integração** se dá em **três** diferentes níveis: o primeiro nível é o das **ideias**, que é a capacidade de integrar diversas atividades; num **todo sinérgico**, que também inclui um **todo psicológico**; e no nível **metacognitivo**, que é a condição que alguém tem de arquitetar e manipular sua própria capacidade integradora.

Obviamente, poucas pessoas conseguem ter essas qualidades ou capacidades, mas é **recomendável** que todos os profissionais procurem se tornar polímatas, mesmo que fiquem num nível apenas razoável, mas ainda **acima** da maioria dos **generalistas**!?!?

Por exemplo, para que uma pessoa se torne empreendedor de sucesso, ela precisará se tornar **multidisciplinar**, ou **multitarefa**. Até porque, se ela ficar focada única e exclusivamente numa área específica, isso não será o suficiente para que ela consiga manter a **sustentabilidade** do seu negócio. Os problemas no mercado e na sociedade tem se tornado cada vez mais complexos, o que nos obriga, especialmente aqueles que desejam empreender, a ter um **conhecimento holístico**, profundo e integrado para poder enfrentá-los.

Na história da humanidade já tivemos personagens polímatas excepcionais, como foi o caso de Leonardo di Ser Piero da Vinci (1452-1519), que se destacou como cientista, matemático, engenheiro, inventor, anatomista, pintor, escultor, arquiteto, botânico, poeta e músico; e de Isaac Newton

(1643-1737), que foi matemático, físico, astrônomo, filósofo, teólogo e autor, sendo reconhecido como um dos cientistas mais influentes de todos os tempos!!!

Naturalmente, e de forma mais específica no campo das ciências, o conhecimento a ser adquirido ou desenvolvido **séculos atrás** era bem menor do que o que precisa se ter e desenvolver nos dias de **hoje**. É por isso que hoje se tem um número bem inferior de pessoas chamadas polímatas. Entre alguns exemplos contemporâneos pode-se citar Ray Kurzweil, cientista da computação, inventor, futurista e autor de livros, cujas contribuições incluem a invenção de sintetizadores musicais e máquinas de leitura para cegos. Ele também é um grande **influenciador**, com suas publicações sobre a **exponencialidade** do mundo atual e a **singularidade** (data em que a inteligência biológica será superada pela não biológica).

Outro polímata moderno é Elon Musk, que alcançou um desenvolvimento incrível ao compreender com profundidade diversas áreas, como física, engenharia, programação, *design*, empreendedorismo, conseguindo abrir empresas multibilionárias em campos completamente diferentes. Ele foi capaz não apenas de fazer combinações atípicas de suas habilidades, mas também evidenciar traços inusitados de personalidade.

Claro que existem também algumas mulheres polímatas, sendo que uma delas é Christine Madeleine Odette Lagarde, com profundos conhecimentos em direito, economia, gestão pública e comércio exterior. Entre as diversas funções que já exerceu estão a de presidente e diretora geral do Fundo Monetário Internacional (FMI), de 2011 a 2019, e presidente do Banco Central Europeu, desde novembro de 2019.

Hoje temos muitas pessoas que até acreditam que são polímatas, que sabem muitas coisas, mas, ainda assim, lhes falta principalmente a **profundidade**. Para a maioria das pessoas, entretanto, existe uma **boa possibilidade alternativa**, ou seja, a de se tornarem pelo menos um "**especialista razoável**". Uma coisa, porém, deve ficar clara: um polímata pode parecer semelhante a um generalista, mas não é. Um generalista é na melhor das hipóteses um **polimata inferior**.

OI

Quem desejar compreender de maneira completa como as pessoas chegam à condição de polímata, sugiro a leitura do livro *O Polímata – Uma História Cultural de Leonardo da Vinci a Susan Susan Sontag*, de autoria do historiador inglês Peter Burke, que recentemente foi traduzido para o português. Neste vasto livro, Peter Burke analisa as obras de 500 pensadores dedicados a múltiplas áreas de conhecimento!!! Note-se que essas centenas de polímatas – **um número bem reduzido** – surgiram ao longo de muitos séculos de nossa civilização!!!

▸ Já que é difícil ser um polímata, que tal ser um bom versatilista?

A já antiga discussão entre ser um especialista ou um generalista estimulou nos últimos 15 anos o surgimento do "**perfil versatilista**", ou seja, de um profissional que nem sabe "**tudo de alguma coisa**" ou daquele que sabe "**um pouco de quase tudo**", sem conseguir se tornar naturalmente um polímata...

O **versatilista** seria um profissional de **meio termo**, isto é, aquele que escolhe três ou quatro áreas para se dedicar mais a elas, sem obviamente fechar completamente os seus olhos para o que o mercado em sua volta demanda. Os brasileiros, graças ao seu famoso "**jeitinho**", estão relativamente acostumados a realizar tarefas que inclusive estão fora do *job description* ("descrição do trabalho"), e portanto, bem indicados para serem **versatilistas**.

Para chegar e essa condição o mais natural hoje é uma pessoa começar como especialista – hoje preferencialmente numa área da tecnologia – para então se aprofundar continuamente em outras áreas, tendo algum tipo de relacionamento com a primeira!!! Mas há também pessoas que após se especializarem em algo, começam a observar tudo de forma mais holística, com o que podem escolher outras áreas promissoras para se dedicarem a elas!!!

Uma coisa, porém, é imprescindível para se tornar um versatilista: **ter uma formação acadêmica sólida**; para possuir uma base sólida na sua linha de conhecimento e a partir daí aproveitar as oportunidades que irão permitir a esse indivíduo obter um desenvolvimento profissionais maior.

Então, podemos caracterizar o **profissional versátil** como aquele que tem flexibilidade, curiosidade, aprende com rapidez, sabe estabelecer relações entre as coisas que não necessariamente têm algo com a sua área de atuação, e tem a habilidade, para com frequência introduzir inovações em seu trabalho!!!

BRILHE 12

Obviamente são as informações e os muitos dados aos quais temos acesso que acabam constituindo o nosso conhecimento e eventualmente nos levando a **sabedoria**, como por exemplo compreender corretamente o que é ciência e o que vem a ser tecnologia.

De fato, muitas pessoas não entendem a diferença entre a ciência e a tecnologia, mas acredito que recorrendo a um exemplo pré-histórico pode-se mostrar isso claramente. Assim se poderia dizer que **ciência** foi quando o "homem das cavernas" descobriu como **chegar ao fogo** e **tecnologia** foi quando começou a **vender fósforos** (o que levou muito tempo para acontecer).

Captou a grande diferença entre uma coisa e outra?

Vivemos numa época extremamente tecnológica, principalmente nos contínuos e rápidos avanços nas TICs, que estão nos permitindo fazer (ou conseguir obter) **muito mais com muito menos** (recursos, tempo etc.)!?!? Queremos ser mais sábios, mas continuamos comportando-se inadequadamente, pois uma parte do nosso corpo mais especificamente a que fica entre as orelhas, ou seja, **o cérebro**, continua inexplorada na sua plenitude.

Claro que a boa notícia é que o nosso cérebro pode continuar aprendendo do nosso nascimento até o fim da vida. Entretanto com tanta coisa que existe hoje para aprender precisamos **delinear** de maneira coerente o que é mais **prioritário** nessa era de tantas TDs que desestruturaram ou inclusive destruíram muitas atividades nas quais os seres humanos podiam trabalhar.

Nessa 3ª década do século XXI, nesse sentido é indispensável adaptar-se às novas tecnologias, agilizar o seu uso e aperfeiçoar-se continuamente na sua aplicação. Além disso, convém muito seguir o sábio conselho (não tão novo...) dado por Eugen Bertholt Friedrich (1898-1956) um dramaturgo, poeta e encenador alemão que incentivou todas as pessoas a terem o seguinte comportamento:

"Sob o familiar, descubram o insólito.

Sob o cotidiano, desvelem o inexplicável.

Que tudo que seja considerado habitual lhes provoque inquietação.

Na regra, descubram o abuso.

E sempre que o abuso for encontrado, encontrem o remédio."

Com esse procedimento, uma pessoa não apenas acabará tendo muitas ideias diferentes, mas ela também chegará a inovações e manterá o rumo certo em sua carreira profissional. Há, entretanto, uma atitude vital para alguém que almeja se tornar um **observador iluminado** (como na ilustração ao lado): jamais exercer simultaneamente a **criação** e o **julgamento**, pois isso levaria ao extermínio da própria criatividade.

E para testar se você é capaz de **não** praticar a imaginação criativa simultaneamente com o julgamento, explique o que está ocorrendo nas seguintes ilustrações!?!?

a) 

b) 

c) 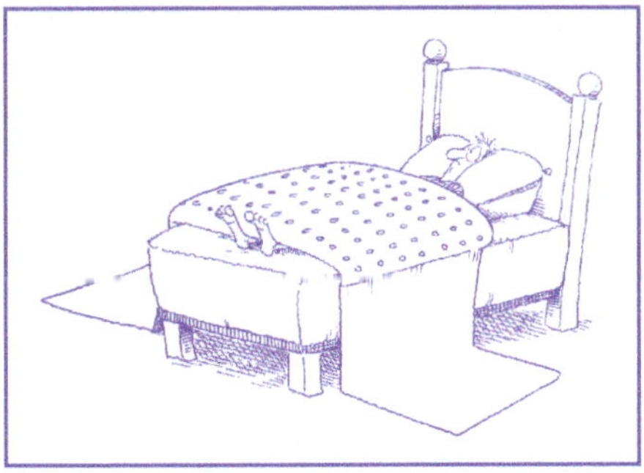

a) Modelo masculino nu.

b) Homem entregando osso de galinha para uma galinha.

c) Homem na cama coberto com um cobertor *bandaid*.

CAPÍTULO 5

VALENDO-SE DOS QUATRO TIPOS DE CAPITAL: SOCIAL, CULTURAL, ECONÔMICO E ERÓTICO

Todos nós devemos aproveitar nossos próprios dons e talentos, assim como nossas vocações, para adquirir continuamente **os principais tipos de capital** e atingir o sucesso!!! Mas isso não é tudo. Também se faz necessário que desenvolvamos bons relacionamentos com os outros, tanto no trabalho como fora dele.

Para um bom relacionamento é preciso que as pessoas sejam mais sociáveis, adotando **quatro comportamentos importantes**: ouvir com atenção; não julgar de forma precipitada; agir com sinceridade e memorizar informações valiosas.

Também é vital que o indivíduo evite o **mal humor** – resultante normalmente da tristeza, do estresse e da angústia –, pois isso libera adrenalina ou epinefrina no corpo, hormônios secretados pelas glândulas suprarrenais como um mecanismo de defesa contra fortes emoções. Lembrando que a adrenalina pode causar dores de cabeça, palpitação, arritmia cardíaca, tremores, mãos frias, dores de estômago e até mesmo falta de ar.

Em situações desse tipo é crucial encontrarmos soluções rápidas que permitam que interrompamos o sofrimento. Nesses casos vale recordar o provérbio chinês: "Se o problema **tem solução**, **não esquente** a cabeça, porque tem solução. Se o problema **não tem solução**, **não esquente** a cabeça, pois não tem solução!?!?"

BRILHE 13

Quando foi a última vez que você soltou uma gargalhada daquelas que fazem torcer o seu abdômen ou até produzir um "copinho de lágrimas"?

Se um médico lhe fizesse essa pergunta numa consulta de rotina, você talvez até colocasse em dúvida sua reputação profissional, não é? Pois saiba que essa pergunta é mais reveladora do que você – e a maioria das pessoas – supõe!

Quem ri pouco pode estar padecendo de um dos males provocados por uma doença chamada "**déficit de alegria**", que se espalhou muito na época da pandemia provocada pela *Covid-19*. E para essa doença há um medicamento 100% orgânico, gratuito e contagiante, idealizado pela fisiologia humana para ser **consumido sem moderação**: o **riso**!!!

Em seu livro *A Terapia do Riso – A Cura pela Alegria*, o médico clínico e homeopata Eduardo Lambert destacou: "O riso relaxa o corpo e a mente, fortalece as defesas do organismo, melhora a circulação e a pressão arterial e ainda libera endorfina, hormônio que promove uma sensação de bem-estar geral. Como o riso é contagiante, nada melhor do que olhar os outros rirem para se contaminar e acabar rindo junto. O êxtase proporcionado por uma bela risada é imediato e não precisamos mais nada pelo resto do dia..."

Cientistas de vários países já comprovaram que a serotonina (o neurotransmissor relacionado ao bem-estar) liberada pelo riso, protege o coração contra o infarto, a trombose e acidentes vasculares. Eles também verificaram a queda da taxa de glicose em sucessivos grupos de diabéticos convidados a se regozijarem com apresentações teatrais cômicas. Além disso, também foi atestado que o ato de rir se configura como o mais prazeroso tipo de ginástica, sendo que a cada 15 min de riso constante 40 calorias são queimadas.

Por sua vez, a química, pesquisadora, palestrante e escritora Conceição Trucom, em seu livro *Mente e Cérebro Poderosos – Um Guia Prático para a sua Saúde Psíquica Emocional*, enfatizou o seguinte: "O ato de rir é um portal para o estado meditativo, quando as pernas amolecem, o corpo balança e o pensamento para. E isso fica espetacular se o impulso para rir vier de dentro!!! Aliás, o chamado **riso lúdico** começa na alma e depois se manifesta no corpo físico, sobretudo nos olhos, que passam a brilhar. Trata-se de uma energia de elevada potência, que nos acorda e nos torna presentes."

Será que a sua mente foi invadida agora pela imagem de alguma estatueta de Buda com a sua barriga saliente e os dentes à mostra? Pois é, essa é a representação mais fiel do tal riso lúdico. Mas se Buda [ou seja, Sidarta Gautama (563 a.C. – 483 a.C.) foi um príncipe de porte físico notável, por que sua estátua ganhou uma pança?

O motivo parece ser óbvio para o guru indiano Rajneesh Chandra Mohan Jain (1931-1990), ou simplesmente Osho, que no livro *Vida, Amor e Riso* explicou: "Como você pode dar uma gargalhada com uma barriga pequenininha? Tudo é reprimido na barriga. Assim, quando você ri de verdade, essa região do corpo vibra!!!"

Bem, chegou o momento para que você queime algumas calorias, com qualquer tipo de riso, inclusive o lúdico, observando as ilustrações (algumas nas quais as palavras são desnecessárias...):

a)

"O casal de proprietários observa que se investiu pesadamente no treinamento de sua gente, porém, não de forma muito eficiente. Afinal não eram essas a habilidades que deveriam ter sido desenvolvidas."

b)

Cardiologista? Não!

Endocrinologista? Não!

Dermatologista? Não!

Ginecologista? Não!

Urologista? Não!

Afinal, o que você é? Sou apenas o cozinheiro do hospital!

c)

"Vamos lá: Mi sobre Si, sem Dó!!!"

Essa postura não significa manter-se totalmente **inerte**, mas permitirá desenvolver um **pensamento positivo** e conservar seu **bom humor** até mesmo no advento de coisas ruins... Todos que agirem dessa forma não terão muita dificuldade para acumular rapidamente três dos quatro tipos de capital mais importantes: o **social**, o **cultural** e o **econômico**.

Em economia, entende-se por **capital** (do latim *capitis*) qualquer bem econômico que possa ser utilizado na produção de outros bens e serviços. Aliás, na economia clássica, "capital" é um dos três fatores de produção, juntamente com **terra** e **trabalho**.

Na **sociologia**, entretanto, o conceito de capital é diferente. Segundo o filósofo, professor, sociólogo e grande pensador francês Pierre Félix Bourdieu (1930-2002): "Capital é **sinônimo de poder** e consiste em ativos sociais, culturais e econômicos que se reproduzem e promovem mobilidade social numa sociedade estratificada." A partir desse pensamento, ele elaborou uma tipologia composta de três categorias de capital: **social**, **cultural** e **econômico**.

Com o intuito de tornar essa subdivisão ainda mais completa, acrescentei também o **capital erótico**, hoje bastante utilizado por pessoas que se tornaram, entre outras coisas, relevantes **influenciadores** de opinião. De uma forma mais ampla, podemos dizer que o **capital social** é a **soma dos recursos** reais ou potenciais que pertençam a uma pessoa (ou grupo de pessoas) a partir de seu acesso a uma rede de relacionamentos ou ingresso em uma comunidade, tribo ou a um clube, o que possa produzir **conexões úteis** – uma distinção entre quem conhecemos e o que conhecemos!!!

Foi no decorrer do século XX que começaram a surgir muitas observações interessantes sobre o capital social. Aliás, o estilo de vida das pessoas passou a ser estudado com mais afinco, chegando-se à conclusão de que "toda vez que um grupo de vizinhos entra em contato com mais um vizinho, haverá uma acumulação de **capital social.**"

De acordo com o antropólogo organizacional argentino Ignacio García: "O termo capital social se refere às redes de relacionamentos baseados em confiança, cooperação e inovação. Essas redes são desenvolvidas pelas pessoas, dentro e fora das organizações, facilitando o acesso delas à informação e ao conhecimento".

Já Bourdieu preferiu definir o capital social como algo composto de três aspectos: **elementos constitutivos**; os **benefícios obtidos pelas pessoas** mediante sua participação em grupos ou **redes sociais** e as **formas de reprodução** desse tipo de capital. E sem dúvida, os dois elementos que constituem atualmente o **capital social** são as redes de relacionamentos sociais (Facebook, Instagram, LinkedIn etc.), que permitem que as pessoas tenham acesso aos recursos dos integrantes do grupo ou da rede, e **a quantidade e a qualidade do grupo**!?!?

Da mesma forma que um alicate (um exemplo de capital físico) ou uma educação técnica (formadora do capital intelectual) permitem o acúmulo de produtividade por pessoas e empresas, os **contatos sociais** – e a maneira como ele ocorrem atualmente – possibilitam tanto ganhos materiais quanto simbólicos.

Os **seguidores** de uma pessoa numa rede social representam de certa forma o seu capital social. Quando esse número de seguidores se torna muito grande, o indivíduo se torna um **influenciador**, ***broadcaster*** (difusor de informações) ou até mesmo **conector** – alguém conectado com outras pessoas de grande capital social (elementos constitutivos) –, sendo amplamente reconhecido entre seus pares graças a essa rede.

Outro conceito bem desenvolvido por Pierre Bourdieu foi o de **capital cultural**, que se trata de um conjunto de recursos, competências e apetências disponíveis em matéria de cultura dominante. Para Bourdieu, o capital cultural existe em três formas ou **estados**: **incorporado**, **objetivado** e **institucionalizado**.

No primeiro caso, o estado se refere a algo que "**vem do berço**", como por exemplo a filha de uma cantora que já nasce com uma espécie de "**selo de qualidade**" **incorporado**, caso decida seguir os passos da mãe. No segundo, o estado se refere aos "**sinais**" demonstrados por indivíduos, que não apenas evidenciam sua apreciação e dominância cultural através de suas obras de arte e coleções de peças raras, mas exibem até mesmo certa autoridade em diversos temas relacionados à arte e cultura.

No terceiro, o estado diz respeito à **educação formal** e à obtenção de certificações, diplomas e títulos pela pessoa, que juntos lhe permitem um grande desenvolvimento mental. Com isso a pessoa se torna detentora de **capital intelectual**, o que num entendimento mais amplo pode ser compreendido como algo construído por meio de qualificações educacionais, treinamentos e experiências profissionais, altamente valorizados no mercado de trabalho, que permitem a ela obter para si elevados rendimentos.

Na realidade, a expressão **capital intelectual** já vem sendo mencionada há bastante tempo, porém, seu conceito passou a ser explicado de maneira mais específica a partir da década de 1980, ou mais precisamente desde

1986, com a publicação do livro *The Know-How Company*, de autoria de Karl Eric Sveiby, quando os **ativos intangíveis** começaram a ser vistos como **recursos**.

O **capital intelectual**, que está na mente das pessoas, passou a ser compreendido como uma **vantagem competitiva** das empresas, uma vez que elas conseguiam se destacar das demais – especialmente pelas inovações que produziam – graças ao trabalho das mentes brilhantes de funcionários que trabalhavam para e dentro delas.

BRILHE 14

Aí vai algo para você intensificar o seu pensamento criativo e a sua imaginação visual, e demonstrar seu capital intelectual.

a) Pois bem, para o conjunto de pontos na sequência, quantos quadrados diferentes (do mesmo tamanho), você pode obter conectando quatro pontos. Observe que os cantos (vértices) dos quadrados precisam fazer parte da grade de pontos.

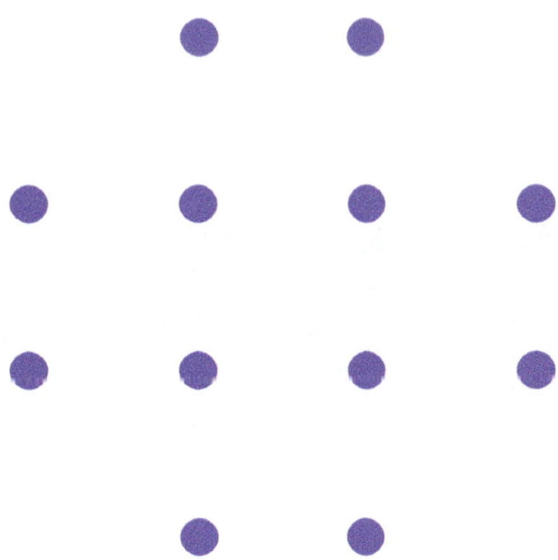

b) Quantos quadrados de todos os tamanhos possíveis pode-se contar na figura a seguir?

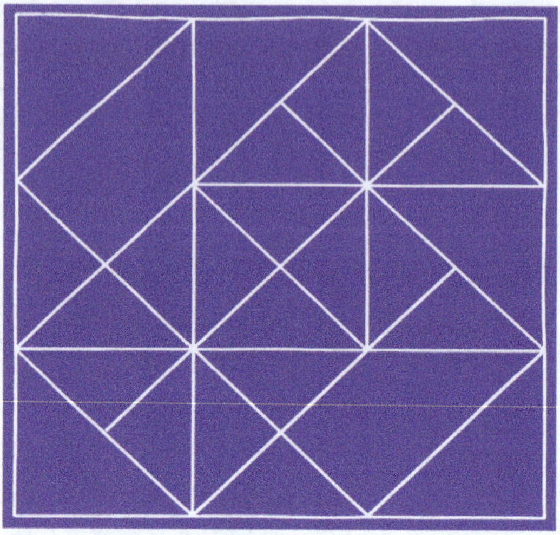

c) Vejamos como está o seu raciocínio espacial. Identifique qual das caixas em forma de cubo a seguir (I, II ou III) foi aberta, observando os diferentes desenhos que existem em suas faces quando está desmontada?

d) Existem muitos tipos de padrões. Veja a seguir uma sequência (da esquerda para a direita) de desenhos (mosaicos) nos quais tem ocorrido o mesmo tipo de mudança com o passar do tempo!!!

Você consegue dizer qual é o próximo mosaico dessa sequência entre as alternativas I, II, III ou IV?

I

II

III

IV

Como a mensuração do capital intelectual é bastante complexa, surgiu nas empresas a necessidade de **gerir conhecimento**, valendo-se para isso de um conjunto de processos que tem por objetivo apoiar dentro delas a criação, a transferência e a aplicação do conhecimento.

BRILHE 15

Antes de mais nada, devo destacar mais uma vez que o **conhecimento** acontece por meio de perguntas que fazem sentido (e também daquelas que não fazem tanto sentido assim...). Aliás, sempre que as perguntas forem objetivas elas levarão ao **conhecimento**, pois são direcionadas. Assim, quando formuladas elas, pelo menos em parte, já estão respondidas... Entretanto, elas precisam ser feitas com inteligência, pois caso contrário atestarão simplesmente a preguiça de pensar!!!

O "bobo" é um grande questionador, mas perguntar sem pensar não é nem humildade nem curiosidade, mas apenas uma demonstração de grande atraso cultural. Uma pergunta positiva e eficiente é aquela que já contém praticamente 70% da resposta!! **Há dois excessos destrutivos**: **perguntar tudo** e **não perguntar nada**!?!? E quando só se fica perguntando, chega-se a um ponto em que as respostas podem até não ter mais tanta importância...

Será que é isso que aconteceria com você se fosse submetido à seguinte saraivada de perguntas?

a) O que você prefere, ver uma mulher (um homem) totalmente nua (nu) ou com certas partes estrategicamente cobertas?

b) Como se pode avaliar alguém quanto às suas intenção ao dar-lhe algo?

c) Você é como muita gente que fica apertando o controle remoto com cada vez mais força, quando a pilha dele já está fraca?

d) Quantas palmas formam uma salva de palmas?

e) Qual é a diferença entre andar rápido e correr devagar?

f) O que quer dizer um livro de "autoajuda"?

g) Qual é o animal mais dorminhoco do mundo?

h) Uma pessoa fez uma visita a um hospital psiquiátrico e o seu diretor lhe revelou o teste que fazia para saber se alguém precisa ser internado no estabelecimento. Ela diz ao diretor que gostaria de se submeter ao teste. O diretor então contou: "Enchemos uma banheira com água e deixamos ao lado uma colher, um copo e um balde. Aí chamamos quem está com problema e pedimos que esvazie a banheira e, dependendo do que ela escolhe fazer, decidimos se o hospitalizamos ou não!?!? Se você fosse essa pessoa o que faria?"

OI

Quem quiser entender a real importância do **capital intelectual** deve ler a obra de Thomas A. Stewart, cujo título é *Capital Intelectual: A Nova Vantagem Competitiva*.

Por mais que a tecnologia esteja hoje presente dentro das empresas e indústrias de todos os portes, é **impossível** (pelo menos por enquanto...) fazer um negócio progredir sem a força de trabalho humana, seja em termos estratégicos ou operacionais. Foi o professor e economista Theodore W. Schultz (1902-1998) que introduziu o conceito de **capital humano** de uma empresa, num artigo publicado em 1961 na revista *American Economic Review*.

Note-se que Theodore W. Schultz partilhou o prêmio Nobel de Economia em 1979, com o economista William Arthur Lewis, graças ao trabalho no qual eles relacionaram o crescimento do PIB de uma nação com os melhores resultados obtidos pelas empresas após terem investido em mais conhecimentos e habilidades de seus profissionais, isto é, ao incrementarem seu **capital humano**.

Podemos assim definir o **capital humano** como o **valor agregado** pelos profissionais que ali trabalham, e que graças aos seus conhecimentos técnicos, suas experiências, suas habilidades, seus comportamentos e suas aptidões pessoais colaboram para o seu sucesso.

É claro que atualmente as empresas precisam submeter seus funcionários a um processo de *upskilling*, para que eles saibam utilizar de forma inteligente e cada vez mais produtiva todas as novas ferramentas tecnológicas disponíveis, promovendo as **TDs** indispensáveis para a companhia.

Já no que se refere ao **capital econômico**, cuja formação recebe contribuições tanto do capital social quanto do cultural, é aquele geralmente adquirido por pessoas que realizam um "trabalho acumulado" eficiente. Um bom exemplo disso são os **influenciadores digitais** (cuja importância analisaremos mais adiante).

Os influenciadores digitais conseguem ganhar muito dinheiro por conta de sua capacidade de persuadir seus seguidores nas mídias sociais a adquirirem produtos por eles recomendados. Essa prática lhes permite acumular muita riqueza – dinheiro, imóveis, obras de arte, joias etc. –, e até mesmo a se transformarem em celebridades!!!

De fato, muitos de nós ficamos perplexos, mas também inspirados, ao analisarmos a lista de alguns milhares de pessoas (de todos os países...) que em pouco tempo acumularam fortunas superiores a US$ 1 bilhão, e tiveram seus nomes acrescentados à lista anual de bilionários da revista norte-americana *Forbes*.

Por fim, temos o **capital erótico**, quando uma pessoa apresenta um *mix* de atratividade física [beleza, *sex-appeal* ("atração sexual"), charme (encanto), talento para se vestir bem e competência sexual] e atratividade social (habilidades sociais, dinamismo, vivacidade etc.). A **sexualidade** é a parte do capital erótico constantemente "negligenciada", por se aplicar mais diretamente aos **relacionamentos íntimos**.

Em seu livro *Capital Erótico: Pessoas Atraentes São mais Bem-Sucedidas. A Ciência Garante*, Catherine Hakim destacou: "O capital erótico requer talento e habilidade, mas pode ser treinado, aprendido e desenvolvido. A economia sexual reconhece que a sexualidade é um recurso essencialmente feminino, devido ao déficit sexual masculino."

OI

O capital erótico está sendo cada vez mais valorizado e exibido com muita criatividade. Por exemplo, com o seu corpo coberto por plumas e enfeites você acha que a apresentadora Sabrina Sato demonstra que tem muito capital erótico?

DELMIRO JUNIOR/SHUTTERSTOCK

Ninguém jamais deve deixar de desenvolver seu capital erótico, seja essa pessoa um homem ou uma mulher, pois com isso certamente conseguirá sucesso na vida!!!

Um exemplo incrível dessa última artimanha vem da modelo Key Alves, que, com as suas fotos sensuais no Instagram contava em agosto de 2022 com mais de 2,6 milhões de seguidores, e faturava mais de R$ 100 mil por mês. Lembrando que ela é também uma excelente jogadora de vôlei, tendo inclusive sido eleita a melhor líbero da América do Sul, em 2018, atuando pela seleção brasileira de base. Atualmente ela joga como líbero na equipe do Osasco, e declarou: "Sempre disse ao meu pai que um dia eu seria a melhor líbero do mundo. Já me tornei jogadora de vôlei mais seguida do mundo, e agora vou em busca do meu objetivo principal: chegar à seleção brasileira principal, atuar como líbero e, nessa posição, tornar-me a melhor do mundo!!!"

Vamos todos torcer para que esse sonho de Key Alves se torne uma realidade, **não é**?

Em tempo, convém lembrar que os **homens** também utilizam o seu capital erótico para conquistar mulheres. Muitos se tornaram **metrossexuais**, outros frequentadores assíduos de academias para conseguirem um corpo "tanquinho", havendo inclusive aqueles que no extremo passaram a sofrer de **don-juanismo** ou **síndrome de don-Juan** (uma referência ao mítico don Juan, que conquistava muitas mulheres e depois as abandonava...), um transtorno caracterizado pela necessidade compulsiva de seduzir e envolver-se sexualmente.

Claro que muita gente pode não concordar com as ideias de Catherine Hakim, **não é?** Mas o fato é que para a autora existem sete elementos constituintes do capital erótico, sendo eles:

1º) Beleza – Esse é um conceito variável no tempo e na cultura, mas foi sempre **valorizado**. A ideia atual destaca a **fotogenia**, o que levou a valorização de homens e mulheres de olhos grandes, lábios carnudos e pele bronzeada. Os meios de comunicação assumiram na nossa cultura um papel importante no que se refere a influência dos padrões de atratividade física.

Como é que uma pose de Marilyn Monroe (cujo nome de batismo era Norma Jeane Mortenson) observada por Tom Ewell, no filme *O Pecado Mora ao Lado* (1955) foi capaz de transformar essa atriz norte-americana num eterno símbolo sexual do cinema. O fato é que, mesmo depois de muitas décadas, essa cena continua a ser repetida por outras lindas mulheres...

Por exemplo, atores de cinema e televisão, modelos e inclusive locutores de telejornais tendem a se ajustar a uma determinada aparência considerada **atraente**. Nos dias de hoje, as modelos tendem a ser muito magras e as atrizes e cantoras a ter bustos e nádegas bem grandes (ambos garantidos com cirurgias plásticas realizadas inclusive em países que se especializaram nessas alterações estéticas...), enquanto os atores do sexo masculino admirados tendem a ser musculosos, altos e com feições angulares.

Vivemos sob o "bombardeio" diário dessa visão estereotipada do que constitui atratividade física. Por exemplo, o ator George Clooney não hesitou em explorar sua beleza para ganhar muito dinheiro em diversas campanhas publicitárias, bem como em vários filmes. O futebolista inglês David Beckham, por sua vez, parece que no auge de sua carreira ganhou mais dinheiro posando com as cuecas Armani, do que propriamente jogando futebol...

As pessoas também preferem um parceiro atraente por causa do *status* ("condição") social que isso confere a elas. Mas talvez outro motivo pelo qual elas valorizam a beleza física esteja associado às conclusões obtidas por pesquisadores do assunto. Segundo esses estudos há um estereótipo claro em relação a **pessoas atraentes**, segundo o qual acredita-se que quem é bonito(a) é também "mais sociável, dominante, sexualmente caloroso, mentalmente saudável e inteligente do que indivíduos fisicamente não atraentes!?!?"

Acontece, porém, que **esses estereótipos não são verdadeiros**. Ou seja, as pessoas bonitas não são necessariamente mais inteligentes, sábias ou sensuais que aquelas que não se encaixam nessa imagem de perfeição.

2º) Atratividade sexual – Ela está associada com um corpo *sexy* ("sensual"), o estilo e a personalidade. Mas embora essa beleza possa ser facilmente percebida numa foto, o mesmo já não acontece com o jeito que a pessoa fala e/ou se movimenta!!! Uma explicação para a atração sexual é biológica, ou seja, ela **se baseia no olfato**.

Biólogos encontraram uma classe de substâncias químicas chamadas feromônios, que em muitas espécies (de insetos a mamíferos) são liberados para sinalizar **prontidão sexual** e atrair companheiros(as) em potencial!!! O papel do olfato na atratividade foi comprovado, e os humanos – em particular as mulheres – passaram a gastar muito dinheiro tentando cheirar bem (utilizando para isso desde desodorantes até perfumes caríssimos) para atrair pessoas!!!

À luz da ciência o que nos torna também atraentes para os outros é a **simetria facial** e **corporal**. A semelhança entre ambos os lados do rosto indica a presença de genes mais interessantes para o parceiro... Além disso, a simetria do rosto costuma ser associada à **extroversão** e à **gentileza**.

Houve uma época em que os homens preferiam as mulheres com a menor separação entre os seios, porque acreditavam que isso era um **indicador de fertilidade**!?!? Alguns estudos indicaram ainda que as mulheres que tiveram relações sexuais com homens corporalmente simétricos atingiram **mais orgasmos**!!! Se bem que existe um mito de que os homens são mais atraídos por loiras de olhos azuis, nas últimas décadas surgiram vários estudos com comprovações de que as mulheres mais atraentes e mais bonitas do mundo na opinião deles, são as **morenas**!!! Veja só o sucesso da cantora brasileira Anitta, especialmente com o provocante vídeo *Envolver*!?!?

3º) **Atratividade social** – É uma mistura de graça, encanto, simpatia e outros dotes sociais, como a habilidade de deixar o outro à vontade, feliz e com desejo de conhecê-lo, possivelmente querendo você também!!!

Ser simpático ou sociável não é uma benção ou sorte do destino. Também não é um privilégio de quem é bonito, inteligente ou extremamente apto em alguma atividade no esporte ou nas ciências. O segredo de como ser social e de fácil conversa está, entretanto, associado com a **inteligência emocional**, ou seja, o jeito como nos conhecemos e lidamos com nós mesmos!!!

Apesar de que se socializar geralmente seja considerada uma atividade prazerosa e divertida, ela pode também ser bem tediosa para alguns e até talvez uma fonte de ansiedade, pois muitas pessoas são tímidas, inseguras e envergonhadas para abrirem-se com os outros e **serem elas mesmas**!!!

BRILHE 16

Vejamos agora de forma bem criativa a evolução do homem (e da mulher), comparando-o (a) com algum animal (com alguma região da Terra).

A idade do homem e os animais

Dos 10 aos 15 anos o homem é como o *macaco*. Vive descascando banana.

Dos 16 aos 20 anos ele é como a *girafa*. Só come brotinho.

Dos 21 aos 30 anos é como o *urubu*. Como tudo o que aparece.

Dos 31 aos 40 anos é como a *águia*. Escolhe o que vai comer.

Dos 41 aos 50 anos é como o *papagaio*. Fala mais do que come.

Dos 51 aos 60 anos é como o *lobo*. Persegue o Chapeuzinho Vermelho, mas só come a vovozinha.

Dos 61 aos 70 anos é como a *cigarra*. Canta, canta, não come nada e só enche o saco.

Dos 71 aos 80 anos é como o *condor*. Tá sempre "condor" aqui e ali.

Dos 81 anos em diante é como um *pombo*. Só faz sujeira.

E agora uma comparação das mulheres com regiões e países do planeta, com explicações talvez um tanto genéricas...

- Dos 10 aos 15 anos as mulheres são como a **Amazônia**, inexploradas e proibidas.
- Dos 16 aos 25 anos elas são como a **África**: quentes, muito quentes, em busca de muita movimentação e difíceis de segurar.
- Dos 26 aos 35 anos elas são como a **Índia**, bem misteriosas e muito rebeldes.
- Dos 36 aos 45 anos as mulheres são como os **Estados Unidos da América**, poderosas e tecnicamente perfeitas.
- Dos 46 aos 55 anos são como a **China**, querem mais conversa que ação, mas quando é... é com muita cultura.
- Dos 56 aos 65 anos elas são como a **Europa** como um todo: não se pode mexer muito, pois o "monumento" está quase em ruínas...
- Dos 66 em diante elas são como a **Sibéria**, sabe-se onde fica, mas como lá é só gelo, ninguém mais quer visitá-la!!!

4º) Vivacidade (dinamismo) – Trata-se aqui de uma combinação de **condicionamento físico**, **energia social** e **bom humor**. Pessoas animadas podem ser imensamente atraentes para outras – como provam aquelas que são descritas como a "alma da festa". Dizer um "**bom dia**" acompanhado de um sorriso, conversas agradáveis, contar boas piadas e promover momentos de descontração com amigos e familiares são exemplos de atividades e comportamentos de uma pessoa de bom humor!!! E todas as pessoas ficam mais alegres, mais dinâmicas quando estão de **bom humor**.

O bom humor faz bem tanto para os seus relacionamentos interpessoais como para a sua saúde, e isso já foi **comprovado cientificamente**. Uma pessoa bem-humorada produz mais endorfina (o que lhes dá mais vivacidade), e por isso ela consegue sofrer menos que a maioria das pessoas que vivem estressadas. A endorfina é o hormônio capaz de fazer com que as pessoas relaxem, pois ele controla a pressão sanguínea, permite melhorar o sono e auxilia a manter o próprio bom humor.O mau humor, em contrapartida, só consegue atrair coisas negativas para a vida das pessoas, por isso, tente manter-se ligado ao bom humor o mais que for possível!!!

OI

E nesse sentido, uma boa opção é ler o meu livro *Ha!Ha!Ha! – O Bom, o Ruim e o Interessante do Humor*. Nele eu explico que para se ter uma boa saúde, assim como é importante fazer exercícios físicos de maneira cotidiana, também é recomendável a prática do riso, pelo menos **25 vezes** todos os dias. E eu me refiro àquele riso gostoso, que é praticamente uma gargalhada!!! **Você tem conseguido fazer isso em sua vida?**

5º) Apresentação social – Existe uma famosa frase que diz: "**A primeira impressão é a que fica.**" E isso tem tudo a ver com a imagem pessoal, que **não está ligada apenas** aos comportamentos, atitudes, ações, hábitos etc. de alguém, mas também com a sua aparência física e a sua forma de se vestir.

Realmente é a maneira como você se veste, usa a maquiagem, o estilo do seu cabelo e os seus acessórios é que dá a uma pessoa uma boa **apresentação social**.

6º) Competência sexual – Se alguém é ou não um bom amante apenas seu parceiro sabe, não é!?!? É claro que essa aptidão pode variar não só com a idade, mas também de acordo com a competência da outra pessoa, em função do elemento interativo.

A norte-americana Bettany Vernon conhecida como *designer* de acessórios sexuais e terapeuta sexual escreveu o livro *A Bíblia do Prazer*, no qual destacou: "Ao contrário do que se pensa, a **competência sexual não é inata**!!! Embora não haja uma maneira 'certa' ou 'errada' de fazer amor, pode-se aprender como se tornar um(a) amante melhor!!!

A **pornografia** é a forma mais acessível de educação sexual que existe, mas a experiência me levou à conclusão de que é uma **péssima professora**, pois propaga mitos sobre a sexualidade. Foi estudando o tema do bem-estar sexual que me convenci que o **prazer** – não o sexo, mas o prazer – é o **tabu mais difícil de quebrar**!!!

A ideia de que o sexo deve ser espontâneo para mim é **errada**, e já acabou com muitos relacionamentos. O que aconselho para os amantes é que explorem as capacidades de seus corpos para sentirem prazer. E isso é possível de conseguir com a ajuda de certas técnicas e instrumentos..." Ninguém pode esquecer que a satisfação sexual é a **base de relações íntimas duradouras e plenas**!!! **E uma vez que nascemos do prazer, por que não podemos conviver com o prazer ao longo de toda a vida?**

OI

Quem desejar aumentar a sua competência sexual deve ler o livro *Inteligência Sexual*, escrito por Sheree Conrad e Michael Milburn.

7º) Fertilidade – Claro que essa característica está principalmente voltada para as mulheres e em certas culturas buscou-se enxergar dotes especiais nas mãos de crianças saudáveis e bonitas!?!? Mas não se pode esquecer que homens com certas características apreciadas têm ganhado muito dinheiro vendendo o seu esperma para instituições que o utilizam, particularmente nas mulheres que não querem se casar, cujos parceiros são inférteis ou por outros motivos...

O famoso romancista inglês William Somerset Maugham (1874-1965) disse: O amor não é só uma peça pregada na gente para promover a continuação da espécie humana." Mas falando em termos mais científicos a evolução nos levou a sermos atraídos por pessoas com as quais podemos nos **acasalar com sucesso**, por exemplo, aquelas cuja aparência indica **saúde** e **fertilidade**.

Assim por exemplo existe hoje a informação de que há uma relação entre o tamanho dos dedos e os níveis de **testosterona**, isto é, quanto mais comprido for o dedo anelar em comparação com o indicador, **maior é a produção** de testosterona pelos homens!?!?

▶ **E por que isto é importante para as mulheres?**

Normalmente os homens com maior concentração desse hormônio (produzido nos testículos e nas glândulas suprarrenais) na corrente sanguínea, têm esperma mais rico em espermatozoides, o que os torna **mais férteis**!!!

Alguns outros estudos importantes revelaram que os homens se valem de certas características do corpo feminino para escolher aquelas que têm melhor capacidade de gerar filhos... Assim, os homens preferem as mulheres com **relação** entre cintura e anca de **sete para dez**, pois acreditam que o tamanho da anca e dos seios delas são muito importantes, pois oferecem indícios de fertilidade!?!?

Bem, o tema fertilidade é muito rico, mas foge da minha área de conhecimento mais profundo. Então, para concluir esse tópico, vale mencionar que pesquisas já comprovaram que pessoas atraentes não são necessariamente saudáveis, ou seja, **não existe** uma relação direta entre a **aparência** e a **saúde física**!!!

OI

Há mais de duas décadas eu li um livro da escritora e jornalista alemã Gaby Hauptmann, cujo título é extremamente provocante: *Mulher Solteira Procura Homem Impotente para um Relacionamento Sério*. Nele ela relatou a história de uma mulher que se cansou de parceiros que só "pensam naquilo" e publicou um anúncio para achar um companheiro pelo qual não tivesse a **menor probabilidade de ser assediada**!?!?

A própria escritora, porém, explicou que nunca quis tomar uma atitude semelhante à de sua personagem, pois gostava de sexo. Ela enfatizou, entretanto, que acreditava que o sexo é o pivô principal dos desencontros entre mulheres e homens, sendo que, na maioria das vezes, estes últimos se preocupam demais com os efeitos pirotécnicos da própria virilidade.

Agora, voltando ao assunto desse capítulo, pensemos na seguinte pergunta.

- **De uma forma concisa e simplificada, que aptidões, recursos e/ou ações precisamos desenvolver para conquistar os diversos capitais?**

Pode-se dizer que o **capital erótico** pode ser adquirido através do uso eficaz da **sexualidade** e da **beleza**; o **capital social**, por outro lado, é conquistado por aqueles que "curtem" e "mantêm" excelentes relacionamentos nas mídias sociais. Basta lembrar como o mundo foi abalado no dia 21 de outubro de 2021, quando o Facebook ficou fora do ar em todo o mundo por mais de 7h, deixando seus 3,5 bilhões de usuários "**desesperados**" pois ficaram impedidos de se comunicar.

O **capital cultural** vem da aquisição de muito conhecimento, com a atual valorização de temas como a **biodiversidade cultural**, por exemplo, assim como do ato de manter-se ao par das **TDs**. O **capital econômico**, em contrapartida, surge por exemplo, dos investimentos feitos no **empreendedorismo** – abrindo-se uma *startup* –, o que permite ao investidor alcançar muito sucesso, obter lucro e ascender profissionalmente de forma inacreditável.

Para finalizar, aí vai um importante comentário da professora da London School of Economics, Catherine Hakim: "Capital erótico **não é vulgaridade**. Um excelente exemplo disso é a carreira espetacular de Gisele Bündchen, que se tornou uma das modelos mais bem-sucedidas do mundo. Sempre muito bem remunerada, ela **sempre exalou erotismo**, sem jamais apresentar nada de vulgar em sua aparência ou em seu estilo.

A *top model* gaúcha Gisele Bündchen, que soube como ninguém utilizar o seu capital erótico, sem jamais apelar para a vulgaridade.

Aí está um exemplo, quando ela surgiu na passarela...

De fato, uma jovem atraente, com o estilo, a roupa e as maneiras adequadas pode escolher para seu parceiro alguém com capital econômico, cultural e social bem mais elevado que o seu em termos de paridade. O capital erótico é, portanto, uma ferramenta para se conseguir ascensão social!!!"

A pessoa que conseguir acumular os quatro tipos de capital (se não todos, pelo menos alguns...) também terá mais facilidade para criar uma incrível **marca pessoal**, o que de maneira bem simples engloba não apenas a **reputação** que alguém criou com o seu passado, **conserva** no presente e pode (e deve) **aprimorar ainda mais no futuro**!!! Aliás, marca pessoal é o assunto do próximo capítulo.

CAPÍTULO 6

A GESTÃO DE SUA MARCA PESSOAL POSSIBILITANDO TORNAR-SE UM INFLUENCIADOR

Marca pessoal (MP), ou *personal brand* ou *personal mark*, no inglês é o conjunto de vários elementos que representam uma pessoa de forma única, especial, dinâmica e individualizada. Criar e manter sua MP é uma decisão muito importante na hora de iniciar sua carreira com uma profissão, para fazer uma mudança de carreira ou a qualquer momento que você achar necessário se destacar no mercado em que atua!!!

Se você parar para observar um pouco mais atentamente as pessoas bem-sucedidas, perceberá que elas **trabalharam** de **forma incansável** e **constante** na sua MP. E não se está falando aqui apenas de artistas, esportistas, intelectuais ou outras celebridades, mas de **profissionais normais** que souberam gerir o desenvolvimento de seu nome de forma **excepcional**.

Inicialmente, cabe salientar que construir uma MP é um esforço consciente e intencional no sentido de **criar** e **influenciar a percepção pública** sobre sua pessoa, descrevendo-a como uma autoridade em seu setor, aumentando sua credibilidade e diferenciando-a da concorrência, para com isso ela auxiliá-lo a evoluir continuamente em sua carreira!!!

Aliás, o desenvolvimento de um MP tem tudo a ver com a **percepção**, isto é, com a maneira como os outros o enxergam e o identificam. Ao se criar uma MP você toma controle sobre a forma que as outras pessoas o **classificam**, antes mesmo de elas entrarem em contato direto com você!?!?

BRILHE 17

Você conhece o popular divertimento chinês chamado ***tangram***? Não! Bem, o *tangram* consiste em sete "pedaços" que se obtém recortando um quadrado. Na realidade, o que se obtém são dois triângulos grandes, um triângulo médio, dois triângulos pequenos, um quadrado menor e um losango.

A possibilidade de arrumar as diversas partes de formas diferentes, além de distrai-lo, fará com que você utilize o seu lado artístico e, com isso, consiga até mesmo encontrar uma logomarca para a sua empresa ou caracterizar sua MP, quem sabe?! Afinal, não se pode esquecer que criatividade tem muito a ver com ideias.

Para começar seu treinamento arrume um pedaço de papel grosso (cartolina, por exemplo), divida-o conforme a indicação e, em seguida, tente formar figuras, como: os 8 primeiros dígitos, alguns animais, alguns desenhos de pessoas, etc.

Se tiver tempo e curiosidade, pesquise um pouco no Google e saiba como surgiu a lenda do *tangram*.

Já existem diversos bons livros sobre a criação e a gestão de uma MP, dentre eles *A Marca Chamada Você* (DVS Editora), de autoria de Peter Montoya e Tim Vandehey, e *Você ® - Marca Pessoal*, escrito por Roberto Marcos Alvarez del Blanco. E quando a pergunta é: "Para o que servem as MPs?", Montoya e Vandehey responderam da seguinte maneira:

As MPs são as ferramentas mais poderosas já criadas para a construção de carreiras profissionais (que frequentemente levam as pessoas a se tornarem milionárias...). Usada adequadamente, desenvolvida com criatividade, planejamento e coerência, a MP ajudará uma pessoa a fazer (e a conseguir...) três coisas:

1ª) Transformar seu nome e sua imagem em um **'produto' diferenciado**, com diversas qualidades desejáveis.

2ª) Atrair para si a atenção das melhores empresas, ou, no caso de ser um profissional autônomo (*freelancer*), de uma clientela elitizada e lucrativa.

3ª) Auxiliar a manter sua **reputação** diante das empresas (ou dos clientes de qualidade), mesmo quando os negócios estiverem em baixa para o resto das pessoas com qualificações semelhantes às suas.

Toda pessoa que quiser ter sucesso em sua carreira, e voltar-se particularmente ao **empreendedorismo**, precisa de uma MP forte. Os profissionais com MPs mais relevantes (e os melhores sistemas para administrá-las e expandi-las) acabam tendo grandes vantagens sobre seus concorrentes."

Claro que é preciso destacar que a MP é você aprimorado e apresentado por meio de vários métodos de comunicação, cada vez mais hábeis e sofisticados [publicidade externa em rádio, televisão e Internet (valendo-se da plataforma LinkedIn), recomendações de outros profissionais, *buzz* ("ruído provocado pelos comentários positivos de outras pessoas) ou *word of mouth marketing* (*marketing* "boca a boca"), seminários públicos etc.].

A MP é planejada com a finalidade de transmitir duas informações fundamentais para o seu mercado-alvo.

Lembre-se: ostentar duas impressões ou qualificações completamente distintas arruínam qualquer MP, viu?

1º) Quem você é como pessoa.

2º) Qual é a sua especialidade.

É a MP que vai exibir seus valores, sua personalidade, sua qualificação e as qualidades que fazem de você uma pessoa destacada em relação aos seus competidores, ou simplesmente em relação a todos os outros... Por isso é tão importante que você se mantenha **autêntico** ao criar sua MP.

Para evoluir e criar uma excepcional MP é vital praticar duas ações: 1ª) **ser notado** pelos outros e 2ª) não deixar nunca de **observar** (e de **se inspirar**...) no que as outras pessoas **fazem bem**!!!

Aa pessoas precisam querer trabalhar com você, não como um produto de uma jogada de *marketing* inteligente!?!? Uma MP **não pode** jamais ser apenas uma **promessa** (!!!), pois ela informa aos seus clientes em potencial (particularmente aos empregadores) o que eles devem esperar de você.

É importante, porém, estar ciente de que a partir do momento em que você cria uma MP, não haverá como voltar atrás – você assume um **compromisso**!!! Daí em diante, tudo o que você fizer em sua vida profissional – até mesmo algumas de caráter pessoal – **afetará sua MP**. Assim, uma MP sobrevive num delicado equilíbrio entre a promessa que você faz ao seu mercado e as suas opções diárias. A partir do momento em que você estabelece sua MP, tudo o que fizer reafirmará – ou não – a sua **promessa**.

Se através de sua MP você se comprometer a oferecer uma **incrível experiência** de atendimento, deverá proporcioná-la, pelo menos em **95% do tempo**!!! E toda vez que você **falhar**, sua MP será **levemente danificada**. Naturalmente se os “fracassos” começarem a ocorrer com bastante frequência – com muitas “incoerências” em relação à promessa – isso sem dúvida **minará** ou até mesmo **arruinará** sua MP, uma vez que as pessoas começarão a pensar que a sua promessa é uma **mentira** e que você é um **impostor**!!!

Aliás, a partir do momento que você criar sua MP, tudo o que fizer – o clube que frequenta, as ideias políticas que apoia, as instituições que ajuda, com quem e onde janta, como se veste, como cumprimenta e abraça as pessoas etc. – ficará relacionado a ela!?!? Quando alguém decide criar uma MP, de fato ficará comprometido com o que divulga através dela.

Por essa razão é tão fundamental que sua MP reflita **quem você realmente é**, ou seja, as coisas com as quais se preocupa, do que você gosta, como vive, como busca se aperfeiçoar etc. Criar uma **boa MP** leva um bom tempo e toda pessoa inteligente precisa organizar muito bem todos os elementos para construir uma grande MP para si mesmo, o que deve ser feito sem pressa...

BRILHE 18

Para divulgar o seu curso e fazer com que as pessoas adquirissem seus livros (material didático), a escritora e especialista em etiqueta norte-americana Letítia Baldrige (1926-2012) costumava enviar como divulgação a seguinte ilustração, pedindo que fossem encontrados nela 12 "pecados" sociais ou incongruências.

Você consegue detectá-los e explicá-los? Isso é vital para quem deseja desenvolver sua MP, **viu**?

Uma MP, é um projeto para a vida toda, que evolui e muda constantemente!!! Nesse livro, aborda-se de forma bem superficial a MP, entretanto, não há dúvida de que ela seja **indispensável** para quem quiser gerenciar sua vida adequadamente, e com muito talento, para transformá-la em uma **experiência existencial incrível**!!!

É por isso que Roberto Alvarez del Blanco salientou que: "O papel principal da MP é agir como um catalisador para a mudança de atitude e incentivar as pessoas a executarem constantemente ações para a sua própria melhoria contínua. Quem busca ter uma significativa MP, irá se preocupar em criar um estilo próprio, que seja único e perceptível para outras pessoas, despertando nelas o interesse em desfrutar dela."

Nunca esqueça, pois, a reflexão do empresário norte-americano Frank Outlaw, que enfatizou: "Cuide dos seus pensamentos, eles tornam-se palavras. Cuide de suas palavras, elas se convertem em atos. Cuide dos teus atos, eles se tornam hábitos; cuida dos teus hábitos, eles se convertem em caráter. Cuide do teu caráter; ele se converte em destino." E para cuidar de sua MP, e exibir o seu caráter para os outros, é preciso desenvolver uma eficaz ***personal branding***!!!

Dizem que é a gravata que caracteriza quem a usa!!! Qual dessas você escolheria para ser melhor identificado!?!? Você acha que usar gravata é importante para a sua MP?

▶ E o que é *personal branding* (PB)?

Bem, *personal branding* (PB) é a **gestão de sua MP**. Isso envolve descobrir o que torna você único (a); determinar seu posicionamento e comunicar melhor sua promessa de valor, procurando atingir relevância e influência para um *target* (público-alvo) específico. Para isso, é crucial compreender claramente pelo que você **deseja ser lembrado,** e trabalhar no sentido de projetar essa imagem para a sua audiência da forma mais eficiente possível.

▶ Qual é a diferença entre PB e o *marketing* pessoal?

Há de fato uma certa "confusão" entre os significados de PB e *marketing* pessoal, mas existem diferenças evidentes entre ambos. O PB descreve um conjunto mais amplo de atividades executadas pelo indivíduo com o objetivo de divulgar a essência de sua MP e criar as corretas conexões com o *target*. Já o *marketing* pessoal se concentra em atrair e se comunicar com esse público, visando conquistar visibilidade para sua MP, tanto de forma *offline* como *online*.

O caminho para que um profissional alcance o sucesso pode ser percorrido mais rapidamente ou se tornar mais curto para todo aquele que se dedicar ao PB. E ao se falar sobre PB, a principal ênfase deve ser nas habilidades que uma pessoa possui em relação aos outros profissionais do mercado. Basicamente, o objetivo é diferenciar-se dos concorrentes de forma semelhante ao que fazem também as empresas já estabelecidas no mercado.

É através da PB que se dissemina, por exemplo, sua capacidade profissional de entregar resultados em prazos curtos, trabalhar excepcionalmente bem sob pressão, e ser vista como a **única pessoa capaz** de executar um tipo específico de serviço. Claro que quanto mais especiais forem suas habilidades, maiores naturalmente serão suas possibilidades de alavancar sua carreira de maneira significativa.

É óbvio que o PB tem tudo a ver com o objetivo de conquistar influência, tanto pelo que você é, como por tudo aquilo que você tem a oferecer ao mercado, seja num grupo de 15 pessoas ou no contexto de mais de 1 milhão!!! Mas antes que seja tarde demais, é preciso **destruir um mito:** PB **não** significa **autopromoção**.

PB e *buzz* costumam caminhar juntos, mas não é por isso que você precisa fazer esse *buzz* por conta própria!!! Usando uma analogia, a autopromoção seria você se utilizar de um megafone para anunciar para todos num espaço público o quão bom você é, e o porquê deve ser contratado!!! Porém, se você trabalhar ou desenvolver seu *marketing* pessoal ou o PB dessa maneira, procederá de forma equivocada!!!

Na verdade, ao criar e estabelecer seu MP da forma correta, você estará naturalmente incentivando **outras pessoas** a **promoverem os seus serviços** (quem sabe até usando um megafone...) e, neste caso, a estratégia para um bom PB é destacar seu caráter, sua ética e sua competência. Ao desenvolver uma MP séria e verídica você conseguirá não apenas "driblar" os problemas atuais que têm levado tantos profissionais ao desemprego, mas posicionar-se como uma solução para seus eventuais contratantes, que verão na sua contratação uma decisão acertada!!!

BRILHE 19

Resolva os seguintes probleminhas:

a) Em um certo lugar, existem tantos homens quanto cavalos. Existem 26 cabeças e 82 pés e cascos nesse lugar. Quantos homens existem e quantos são os cavalos?

b) Um executivo contrata um consultor para sete dias de trabalho, com a condição de pagá-lo ao final de cada dia. O executivo tem uma pequena barra de ouro de 7 cm e o consultor deve receber exatamente 1cm da barra diariamente. Para pagar o consultor o executivo faz apenas dois cortes na barra. Que cortes foram esses?

E aí vão algumas sugestões importantes para que você construa uma MP **incrível**:

1ª) **Definir seus objetivos** – E se o objetivo é falar sobre você, o primeiro passo é **conhecer a si mesmo**, correto? Para isso é vital obter respostas concretas para as seguintes perguntas:

- Qual é o seu maior objetivo em sua carreira?
- Qual é a sua missão pessoal ou seu propósito de vida?

- O que você quer agregar para a sociedade e como a sua carreira pode contribuir nisso?
- Quais são as suas maiores habilidades e como isso pode te ajudar em sua profissão?

  A partir das respostas que você obtiver para essas questões, será possível delinear o que torna você uma pessoa **autêntica** e até **única**!!! Lembre-se: a sua PB deve estar alinhada com seus objetivos e, caso não esteja, esse é o momento certo para criar as estratégias que lhe permitam atingir um posicionamento mais condizente.

2ª) **Contar uma boa história** – *Storytelling* é a arte de contar histórias, utilizando-se de técnicas inspiradas em roteiristas e escritores que lhe permitam transmitir sua mensagem de **forma inesquecível**. Todavia, se a sua MP não contar uma história atraente, isso poderá impedi-lo de atingir pelo menos metade do seu público potencial.

Vale ressaltar que, além de contar sua história, **você precisa vivenciá-la**!!! Uma boa *storytelling* é fiel à realidade. Trabalhar sua MP de um modo não genuíno é a **receita certa** para que tudo o que tiver construído comece a ruir rapidamente. Lembre-se que para criar conexões com as pessoas, é preciso não somente transmitir uma imagem verídica, mas gerar valor para elas. Portanto, contar sua história não pode ser apenas um ato de **autopromoção**!!!

3ª) **Descobrir como as pessoas te enxergam** – Atualmente o bilionário e fundador da Amazon, Jeff Bezos, está investindo no **turismo espacial** e, com isso, agregou a sua MP o seu novo objetivo de oferecer aos seres humanos um **entretenimento inimaginável** há até bem pouco tempo: passeios na órbita da Terra. Numa declaração recente ele enfatizou: "**Sua MP é o que as pessoas dizem sobre você quando não está na mesma sala com elas!!!**"

Pois é, por conta disso é preciso colher *feedbacks* ("avalições") sobre a sua imagem, inicialmente com colegas, amigos, familiares e, inclusive, junto ao mercado de trabalho. Isso revelará o que as pessoas pensam de você e do seu valor.

No que se refere ao mercado, uma boa maneira para fazer isso é por meio de uma **busca anônima** pelo seu nome no Google, para ver se – e de que maneira – você se destaca em algum(ns) tema(s)... Afinal, não se pode esquecer que seus eventuais recrutadores também pesquisarão suas credenciais no Google...

Buscando-se pelo seu nome é possível que apareçam *posts*, *blogs*, fotos e outros registros antigos (opiniões e pontos de vista polêmicos, algum comportamento criminal ou intolerante etc.) que já não condizem com seus pensamentos atuais ou se referem a situações já resolvidas, mas que podem prejudicar sua estratégia de PB.

É natural que algumas dessas postagens tenham sido feitas por terceiros, o que o impedirá de alterá-las, mas é importante que você remova qualquer conteúdo prejudicial à sua imagem, concentrando-se primeiramente naqueles elaborados por seus familiares, amigos e colegas e, portanto, mais fáceis de serem descartados ou ocultados.

Aparecer através de conteúdos positivos é, por sua vez, a **chave** para causar e deixar uma **boa primeira impressão**, por isso, sempre tenha em mente o impacto que você deixará nos outros. Lembre-se: tudo o que temos é a nossa própria **reputação**. Por isso a sua MP tem que ser genuína, autêntica e consistente para causar um impacto positivo.

4ª) **Estar preparado para lidar com suas falhas** – Como já foi dito há pouco, podemos ter falhado em algumas atitudes, opiniões e desempenhos, e que naturalmente não desejamos repetir falhas das quais tanto nos envergonhamos e arrependemos, mas é primordial que pensemos sobre isso.

É bem difícil lidar com os nossos fracassos (como já destacado no livro 1), e muito normal que queiramos evitá-los. Isso, aliás, faz parte da natureza humana!?!? Porém, para se criar uma MP acima da média, é crucial que o indivíduo conviva durante algum tempo com suas próprias falhas, a maioria delas surgindo na juventude e no início da carreira profissional...

Entre as possíveis grandes falhas que o indivíduo poderá apresentar estão: não conhecer bem seu *target*, ou seja, o público para o qual está falando ou escrevendo; não saber qual o tom nem quais os canais ideais a serem usados para se alcançar essas pessoas; desconhecer os assuntos sobre os quais essas pessoas desejam ler, ouvir ou até mesmo assistir.

Pelo menos em parte, **conviver com erros e falhas** é aceitável, e até mesmo positivo, pois isso nos permite aprender sobre o que pode acontecer com cada pessoa na atividade abraçada!!! Sabe-se que a grande maioria das MPs surge de repetidas tentativas, erros e fracassos, não existindo a condição de "**perfeição instantânea**"!?!?

5ª) **Traçar uma estratégia digital** – Independentemente de sua área de atuação, o mais eficiente nos dias de hoje é que a sua estratégia de PB esteja direcionada para as possibilidades oferecidas no meio *online*, isso porque a Internet é sem dúvida a maior fonte de busca de informações de todos os tipos.

Mesmo que você já seja um profissional bem experiente, não pode ignorar as ferramentas e os canais digitais, pois é através deles que se pode **potencializar cada vez mais as suas mensagens**!!! Naturalmente, dentro de sua estratégia é indispensável criar conteúdos **relevantes**, que despertem identificação e interações com o seu público-alvo. Neste sentido, é necessário criar um perfil em uma ou mais redes, conforme os hábitos desse *target* e as particularidades do mercado de trabalho.

Aqui vai um **alerta importante**: melhor do que ter uma conta em cada uma das mídias sociais existentes, e usá-las esporadicamente, o correto é **focar-se apenas em uma**!!! Portanto, **ser muito bom em uma rede social é melhor do que ser medíocre em todas elas**.

▸ **Mas qual a rede social que se deve escolher?**

Para muitos profissionais o LinkedIn tem sido sensacional (inclusive para mim...), pois ele permite que a sua relevância seja exibida por meio do seu conteúdo, sem que você dependa tanto de sua imagem. Isso significa que a exposição de um indivíduo no LinkedIn privilegia mais sua característica **intelectual**, e não a **imagética**.

O Instagram e o YouTube, em contrapartida, são as plataformas preferidas pelos profissionais que buscam **envolver-se** com o seu público de forma mais **visual** e **dinâmica**, por meio da gravação e do compartilhamento de muitas de suas histórias (*stories*) e de seus conteúdos.

E ao falar sobre redes sociais, obviamente não se pode deixar de mencionar o Facebook, que apesar de um declínio assustador, tinha em outubro de 2022, mais de 2,2 bilhões de usuários ativos no mundo. Porém, a despeito do número de usuários, e considerando apenas os dois extremos "**trabalhar**" e se "**comunicar**" por meio de conteúdos textuais ou imagéticos, o Facebook não se encaixa tão bem em nenhum dos casos (como citado em relação ao LinkedIn, Instagram e YouTube) para a divulgação e a manutenção da sua MP. De qualquer forma, talvez seja uma estratégia interessante compartilhar suas atualizações do Instagram e do YouTube também no Facebook, seja para perceber **o que funciona melhor** ou apenas para **alcançar mais pessoas**!!!

6ª) **Inspirar-se em exemplos de sucesso para incrementar sua MP** – Sem dúvida, toda pessoa interessada em construir uma excelente MP precisará aprender a se promover, assim como fazem as celebridades e as pessoas mais influentes, as quais admira. O sucesso geralmente advém do estudo de tendências e do comportamento de gente popular nas diferentes plataformas de mídia social, bem como da utilização delas com alguma **sacada inteligente**...

A percepção da próxima grande tendência pode estar ao seu alcance, desde que você preste atenção ao que está acontecendo nas redes sociais mais importantes!!! Não há dúvida de que nos dias de hoje todo profissional almeje se tornar um **influenciador** através de sua MP.

Veja que qualquer pessoa pode ter um forte **poder de influência**, até mesmo sem manter uma forte presença no meio digital. Tal influência pode ser bastante evidente num ambiente bem específico, como na organização na qual trabalha, porém, nos dias de hoje caracteriza-se um influenciador pelos muitos milhares (ou milhões) de seguidores que ele (ou ela) possui em uma rede social.

BRILHE 20

Aí vão algumas perguntas que só aceitam respostas inéditas! Você é capaz de dá-las?

a) Por que é inconveniente ser homem- (ou mulher-) bomba?
b) Quando um homem pode dizer que está endividado até a cabeça?
c) Em que museu se acha a cama em que morreu Tiradentes?
d) Por que a estátua da Liberdade está de pé no porto de Nova York?
e) Caso você fosse "inventar" um novo símbolo para a criação, no lugar da lâmpada, como seria ele?
f) O que é que só tem alegria quando apanha?
g) É possível construir esse maravilhoso "arco" com pilares invisíveis?

OI

Para quem desejar obter boas e profusas informações sobre como se tornar um **influenciador**, a sugestão é recorrer ao livro da Brittanny Hennessy, cujo título é *Influencer: Construindo sua Marca Pessoal na Era das Mídias Sociais*, no qual ela salientou: "No mundo digital de hoje, a palavra "**influenciador**" é mais comumente atribuída a uma pessoa que tem algum poder de persuasão em seus canais digitais, ou, em outras palavras, que detém mais '**moeda social**' que o normal."

Naturalmente, todo profissional precisa valer-se de seu senso crítico e compreender corretamente a razão pela qual ele deseja se tornar um **influenciador**, assim como em qual área pretende exercer relevância!!! Vive-se hoje num ambiente no qual difundiu-se a ideia de que **tornar-se um influenciador** é sinônimo de atingir **sucesso na vida**, havendo inclusive uma forte pressão em cima disso.

De fato, surgiram muitas pessoas capazes de obter boas remunerações – em especial na área de *marketing* – graças ao grande número de seguidores que elas conquistaram. Mas é preciso entender desde já que a grande "**visibilidade**" de um influenciador **não necessariamente** lhe trará os resultados almejados, especialmente no que se refere à obtenção das melhores remunerações com as suas mensagens... E mais importante ainda, é preciso compreender claramente que existe uma enorme diferença entre **influência** e **popularidade**!!!

Fiquei muito agradecido a um aluno que há um bom tempo me presenteou com essa *charge*, comentando que com as minhas palestras eu influenciei muita gente...

Popularidade é quando as pessoas gostam de você!!! **Influência** é quando elas ficam atentas para ouvir (ou ver) o que você tem a dizer e a mostrar!!! Sem dúvida é possível alcançar as duas qualidades (ou os atributos), porém, o foco do PB é mais na **influência**, sendo que a **popularidade** se torna um **bônus**!!! O que sabemos hoje é que as novas gerações – em especial a Y e Z – consomem a mídia de um jeito bem diferente das gerações que as antecederam.

Claro que isso não representa nada novo, nem tão inédito, pois se observarmos a história da humanidade veremos que a **essência do mundo é mudar**, de forma **constante** e **contínua**. O que se mostra extremamente diferente agora é **o ritmo acelerado dessas mudanças**!!! Basta lembrar o longo tempo que levou para a imprensa, o rádio e a TV se expandirem pelo planeta, comparado ao **período extremamente curto** durante o qual as mídias digitais alcançarem essa posição dominante, especialmente entre os mais jovens.

Se a cultura, para boa parte da população adulta, foi adquirida por meio dos livros, dos filmes, das novelas, das artes de modo geral, da imprensa etc., os profissionais que produziram tudo isso estão cientes de os tempos mudaram. Para as novas gerações o consumo da cultura está bem mais associado a vídeos de poucos minutos e a uma personalidade digital em plataformas como o YouTube, o Instagram, o Tik Tok, o Twitter etc., que são livres, abertas e diversificadas!?!?

Isso aconteceu não apenas em relação à cultura, mas também aos vários negócios envolvendo jovens. Um dos exemplos mais conhecidos no mundo é o de Kylie Kristen Jenner, a filha mais nova da ex-atleta transexual norte-americana de decatlo, Caitlyn Jenner, e de Kris Jenner.

Com apenas 21 anos, Kylie K. Jenner se tornou a **mais jovem bilionária do mundo** (apesar de a revista *Forbes* ter divulgado que sua fortuna pessoal é menor...), montando uma verdadeira máquina de fazer fama e dinheiro: **um modelo de negócios exponencial** sustentado pelas redes sociais.

Ela começou a ganhar fama bem cedo, quando tinha apenas 10 anos, ao participar do *reality show* ("mostrar a realidade") *Keeping up with the Kardashians*, um programa de TV em que se exibe a realidade dessa família norte-americana (da qual é meia-irmã) que agradou a muita gente.

Empreendedora nata, Kylie abriu sua empresa de cosméticos em 2015, com um investimento de US$ 250 mil que acumulou ao longo de sua carreira de modelo. Ela soube "bombar" sua MP como pouca gente, e criar um excelente PB nas redes sociais.

Em agosto de 2022, Kylie tinha uma vastíssima legião de seguidores no Instagram – cerca de 367 milhões, um número que não para de crescer – e tornou-se a mulher mais seguida do mundo, ultrapassando a cantora Ariana Grande.

Isso prova que as novas tecnologias podem conduzir pessoas talentosas – e, no caso dela, com muito **capital erótico** – ao sucesso e à riqueza, pois ela conseguiu conquistar um enorme público cativo, uma audiência imensa engajada, com a qual se **comunica** constantemente para fazer e expandir seus negócios.

Tornou-se cada vez mais importante saber se comunicar não só presencialmente, mas devido a intensa conectividade que se tem hoje graças principalmente aos *smartphones* nas redes sociais, isto é *online*, para se tornar um importante influenciador(a), viu?

O fato é que, nessa 3ª década do século XXI, para se alcançar o sucesso no empreendedorismo é mais do que nunca vital possuir um grande público de **clientes-seguidores**. E para conquistar (engajar) esse público não basta apenas que uma *startup* ofereça bons produtos/serviços.

É imprescindível que se estabeleça uma boa comunicação com o seu público, algo que, aliás, é bastante facilitado atualmente pelas redes sociais, nas quais é relativamente barato não apenas disponibilizar um conteúdo interessante, mas desenvolver um bom *marketing* digital!!!

OI

Todo aquele que quiser aprofundar-se em como fazer um *marketing* digital eficiente deveria ler o livro *Marketing de Conteúdo – A Moeda do Século XXI*, de autoria de Rafael Rez. Há também os livros de Joe Pulizzi, *Conteúdo S.A.* e *Marketing de Conteúdo Épico*, todos eles publicados pela DVS Editora.

Claro que o sonho e o objetivo de todo **nano** ou **micro influenciador** é tornar-se um **influenciador digital** com mais de 1 milhão de seguidores, transformar-se numa celebridade e, é claro, valer-se desse *status* para ganhar um bom dinheiro!!!

E no Brasil já temos muitas centenas de influenciadores digitais-celebridades, sendo que um dos mais conhecidos é o Felipe Neto Rodrigues Vieira, mais conhecido apenas como Felipe Neto. Ele é ator, comediante, escritor, empresário, filantropo, além de um *youtuber* muito assistido.

Em 2019 ele se tornou o segundo *youtuber* mais visto no mundo (!?!?) e em 2020 foi incluído na tradicional lista das 100 pessoas mais influentes do mundo, divulgada pela revista norte-americana *Time*. No início de 2022 Felipe Neto contava com mais de 78 milhões de seguidores distribuídos no YouTube, Instagram e Twitter, e com cerca de 13 bilhões de visualizações acumuladas.

O jornalista Nelson Lima Neto publicou a biografia **não autorizada** *Felipe Neto: O Influenciador*, na qual cita que ele ganhava cerca de US$ 13 milhões por ano e cobrava algo próximo de **R$ 140 mil por um minuto de anúncio** em seus **vídeos**!!!

E temos no País também muitas **influenciadoras-celebridades**. Sugiro a você, caro (a) leitor (a), que pesquise, por exemplo, sobre Camila Coutinho, uma das pioneiras dos *blogs* de moda no Brasil. Você com certeza perceberá que ela começou a valer-se da Internet já em 2006, quando lançou o *blog* Garotas Estúpidas. A partir daí ela foi progredindo ano após ano e no final de 2021 tinha cerca de 2,9 milhões de seguidores só no Instagram!!!

É óbvio que esse número de seguidores parece até "irrelevante" se comparado com o da nossa mega celebridade, a cantora Anitta, que no final de agosto de 2022 tinha mais de **63 milhões** deles, só no Instagram.

A *influencer* Rafa Kalimann que no 1º semestre de 2022 tinha cerca de 23 milhões de seguidores no Instagram.

Devido ao isolamento provocado pela pandemia da *Covid-19*, surgiram no decorrer de 2020 e 2021 algumas dezenas de milhares de nano e micro influenciadores regionais e de nicho, que se utilizam principalmente do Instagram, You Tube, Tik Tok e LinkedIn.

Apesar de estarem ainda longe do mundo das mega celebridades, que, como visto, cobram altos valores por uma postagem para divulgar produtos e/ou serviços em suas redes sociais, o contingente de micro influenciadores conseguiu obter ganhos razoáveis (de até R$ 10 mil em média por mês), o que garantiu uma renda para a sobrevivência dessas pessoas!!!

E mesmo não tendo tantos seguidores, os nano e micro influenciadores conseguiram em muitos casos um **engajamento bastante significativo** e, muitas vezes, até maior do que o de certos influenciadores-celebridade, pois souberam produzir o conteúdo certo para nichos de mercado.

Essas pessoas se tornaram verdadeiros **especialistas** para certos segmentos – algo percebido em suas **MPs** –, pois utilizam suas mídias para falar com autoridade sobre os temas que dominam e, com isso, ajudam os seguidores que desejam ou precisam de informações específicas.

Esse pode ser o caso, por exemplo, de um fisioterapeuta que usa suas redes sociais para dar informações e tirar dúvidas sobre alguma doença, como a **esclerose múltipla**, um mal que infelizmente atinge um bom número de pessoas... O fato é que existem muitos nano e micro influenciadores dos diversos temas, que compartilham informações e dicas importantes para, por exemplo, capacitar professores de idiomas, ensinar como se tornar um bom palestrante, ter mais prazer nas relações sexuais, preparar uma comida vegana, emagrecer, divertir-se com programas de humor etc.

Outras vezes esses nano e micro influenciadores unem-se a empresas que desejam comercializar seus produtos/serviços, e usam sua própria imagem para promovê-los. Para divulgar panelas e utensílios de um fabricante desses produtos o influenciador pode, por exemplo, compartilhar com seus seguidores uma receita de brigadeiro de panela, na qual mostra a panela do parceiro para preparar a guloseima!!!

Essas pessoas passam desse modo a fazer parte da economia dos criadores (*creators economy*), que movimenta bilhões de dólares no mundo todo!!! São considerados **nano** influenciadores os perfis que contam com entre 1.000 e 10.000 seguidores, **micro** os de 10 mil a 50 mil, **médio** os de 50 mil a 100 mil, **macro** os de 100 mil a 1 milhão, e finalmente **mega** os com mais de 1 milhão!!!

E o que se conclui disso tudo? Que com um excelente PB, ou seja, com a demonstração de que você está se aperfeiçoando de forma contínua na profissão que escolheu, sua MP o(a) tornará cada vez mais admirado(a), o que por sua vez lhe possibilitará galgar a trajetória entre nano, micro, médio, macro influenciador e, finalmente, tornar-se uma **celebridade no mundo digital**!!!

OI

Durante a lamentável guerra provocada pela invasão das tropas russas em vários pontos da Ucrânia, mais de 10,5 milhões de pessoas (a grande maioria mulheres e crianças) se viram forçadas a deixar o país. Nessa ocasião, também escapou de lá o gato-*influencer* Stepan (com mais de 1 milhão de seguidores no Instagram e Tik Tok), juntamente com sua tutora e os dois filhos dela.

Stepan, que ficou famoso por causa de suas fotos incríveis, aqui ao lado de um copo de vinho, mas com uma "cara" entediada...

Com a ajuda de voluntários, eles conseguiram sair de Kharkiv e pegar um trem até Lviv, cidade localizada próxima da fronteira com a Polônia. A partir daí, graças à fama de Stepan, e contando com a ajuda da World Influencers and Bloggers Association, uma organização que busca unir os influenciadores, todos chegaram a Paris (França), onde inclusive essa associação alugou para eles um apartamento para que se sentissem seguros!!!

É importante ressaltar que hoje no Brasil estão muito na moda os **influenciadores digitais** que criam conteúdo sobre finanças e mercado financeiro (*finfluencers*) que conseguiram reunir um público estimado em mais de 92 milhões de pessoas, que buscam recomendações especialmente sobre a compra de ações, investimentos em criptomoedas e naturalmente orientações confiáveis sobre a melhor forma de aplicar o dinheiro poupado, inclusive nas compras que podem ser feitas.

Uma dessas influenciadoras é a empresária Nathália Rodrigues de Oliveira, que conquistou fama como orientadora financeira, sendo conhecida como "Nath Finanças". Ela enfatizou o seguinte: "A minha responsabilidade é muito grande, pois mexo com a vida financeira de uma pessoa podendo ajudá-la a **sair** das suas **dívidas**, mas também **afundá-la** com a indicação de algum investimento!?!?"

Em tempo, convém ainda destacar a importância que os influenciadores conquistaram com as marcas que patrocinaram a exibição dos jogos da Copa do Mundo de Futebol (realizada no Catar de 20 de novembro a 18 de dezembro de 2022).

Elas preferiram recorrer a vídeos e outras formas de publicidade usando **não só** jogadores da nossa seleção (como Neymar, Vini Jr etc.) ou do famoso narrador - o Galvão Bueno - mas valeram-se também da participação de influenciadores digitais ligados ao esporte como Ivan Ferreira (mais conhecido com o apelido de Luva de Pedreiro), Casemiro Miguel Vieira da Silva Ferreira (ou apenas Cazé) etc.

Bem, o Luva de Pedreiro foi patrocinado por gigantes como McDonald´s, Adidas, Amazon, Pepsi etc. e recebeu até R$100 mil por vídeo de 40 s, isso graças a sua popularidade (18 milhões de seguidores no Instagram, 19 milhões de inscritos no TikTok).

Já o Cazé, que narrou muitas partidas no seu canal Cazé TV no YouTube (tinha cerca de 2,7 milhões de seguidores no Twitch) na transmissão da vitória ("magra") do Brasil sobre a Suíça por 1 a 0 em 28 de novembro de 2022 alcançou um novo recorde mundial, pois acompanharam ela ao vivo 4,86 milhões de espectadores (!!!)

Aliás, esse recorde não vai durar muito, **não é**?

BRILHE 21

Uma questão que atualmente está bem em voga é a limitação que se estabeleceu em relação ao **humor**, particularmente quando o mesmo está voltado para declarações com algum conteúdo racista, sexista religioso ou até político!?!? Mas não se devia restringir dessa forma o humor pois ele desempenha múltiplas funções sociais, algumas bem importantes.

Assim muitos gracejos têm inclusive a propriedade de **azeitar** as relações sociais?!?! Na verdade, o tom de brincadeira nos permite comunicar de maneira amistosa a um interlocutor uma informação que de outra forma, poderia ser interpretada como hostil e aliás isso pode não apenas evitar o conflito como ainda dar início a uma bela amizade.

Mas o mais importante do humor é que ele é uma **formidável arma** que os mais **fracos** podem usar contra os mais **poderosos**!!! Ele deveria, no meu modo de ver ficar o **mais livre possível** das **amarras legais** e quem não gostar de uma piada sempre pode **protestar**, dizer que **não teve graça** ou até **caçoar de volta**.

Bem, aí vai um conjunto de piadinhas rápidas. Será que com alguma delas você, respeitado(a) leitor(a) ficará aborrecido(a)?

1ª) O homem leva um susto ao ouvir de sua cartomante:

— Em breve sua sogra morrerá de forma violenta.

Imediatamente ele pergunta à vidente:

— Violentamente? E eu? Serei absolvido?

2ª) Assustado, o guarda rodoviário vê passar um carro a toda velocidade, na contramão e fazendo ziguezague na autoestrada. Sai atrás dele com sua moto e, quando consegue pará-lo, pergunta:

— Onde você pensa que vai com toda essa pressa?

E o motorista, com a voz pastosa de quem tomou umas doses a mais, responde:

— Onde eu não sei, mas tenho que correr, porque já está todo mundo voltando e eu ainda estou indo...

3ª) Joãozinho e Juquinha têm um bate-boca:

— Meu pai é melhor que o seu!

— É nada.

— Meu irmão é melhor que o seu!

— Uma ova.

— Minha mãe é melhor que a sua!

— Bem, isso meu pai vive dizendo.

4ª) Na escola de ensino fundamental a professora fala:

— Quem se considerar burro fique de pé!!!

Passa muito tempo e ninguém se levanta, até que o Zezinho se coloca de pé.

— Muito bem, Zezinho, você se acha burro?

— Não professora, é só que eu fiquei com dó de ver só a senhora aí de pé sozinha!!!

5ª) O bêbado liga às cinco da manhã para o dono do bar:

— Zé, a que horas você abre?

— Às sete.

Dali a quinze minutos o bêbado liga de novo:

— Zé, a que horas você abre?

—Às sete, já lhe disse!!!

Depois do quinto telefonema o Zé fica bravo:

— Mas por que você quer saber a que hora eu vou abrir? Não acha muito cedo para se entrar num bar?

— Não Zé, eu não quero entrar, o que eu quero é sair dele...

6ª) Na agência de empregos, o funcionário explica para um candidato que o cargo pretendido por ele requer muita responsabilidade. O candidato não se intimida:

— Quanto a isso pode ficar descansado. Responsabilidade é que não me falta. Tanto que no meu último emprego qualquer coisa errada que aparecia já iam logo dizendo que o responsável era eu...

7ª) Uma mulher andava na beira de um rio quando viu um sapo preso em uns galhos pedindo socorro. Quando ela chegou perto ele disse:

— Me salva que eu realizo três desejos. Mas de tudo que eu der a você, seu marido ganhará dez vezes mais.

Ela pensou um pouco, mas topou. Seu primeiro desejo era ser uma mulher muito rica.

— Ok, mas lembre-se que seu marido será dez vezes mais rico — ressaltou o sapo.

— Não tem importância, tudo que é meu é dele, e tudo que é dele é meu. – E assim ela se tornou muito rica. O marido também.

O segundo desejo era ser uma mulher muito bonita. O sapo concebeu o pedido, e fez dela uma mulher linda, e o marido dez vezes mais bonito. Por fim veio o terceiro desejo, e ela disse:

— Quero ter um enfarte bem pequenininho. Bem de leve, só um susto!

8ª) Um sujeito intrépido e ambicioso se meteu a voar num balão mesmo sem ter muita experiência em manobrá-lo. Por azar, foi logo colhido por um vendaval e levado a um local remoto e desconhecido. Daí, percebendo-se não muito longe do solo, pergunta a um transeunte:

— Por favor, onde estou?

E o homem responde:

— Você está a 12 m de altura, dentro de um balão!?!?

Irritado, o balonista resmungou:

— Você pelo jeito é estatístico ou contador. Sua resposta é perfeitamente precisa, mas absolutamente inútil!!!

O outro olhou e respondeu em tom de chacota:

— E naturalmente você é um economista: não sabe como veio parar aqui; não tem ideia de como chegar aonde deseja e é tão petulante que abomina a estatística!!!

Agora é importante destacar para o(a) respeitado(a) leitor(a) que existe somente **um(a) você** no mundo todo!!!

Pense nisso: seu rosto e seus traços, sua voz, seu estilo, suas características e peculiaridades, sua capacidade, seu sorriso, seu andar, seu aperto de mão, sua maneira de expressar-se, suas opiniões – todos eles são única e exclusivamente seus!!!

Desde que o ser humano passou a existir, tudo o que se refere a uma pessoa específica encontra-se somente nela – **Você é único(a)**!!! Mas para conseguir criar uma respeitável MP é necessário que você **empreenda em si mesmo**, o que alguns chamam de *startup-you*, ou seja, **invista em você**!!! Isso implica, por exemplo, achar que os seus sonhos podem se tornar realidade, bastando ter a coragem para persegui-los.

Sonhamos quando somos jovens, e continuamos sonhando para sempre. O que muda é que, de repente, certos sonhos vão perdendo a posição central de que gozavam em nossas vidas. Mas os sonhos nunca acabam! Porém, além de sonhar, para desenvolvermos uma incrível MP é obviamente necessário **planejar** e **agir**, apoiando-se na **crença** de que um dia alcançaremos aquilo que tanto almejamos!!!

CAPÍTULO 7

AGINDO COMO UM *SUPEREIGHT* (S8)

Há cerca de 32 anos, escrevi o livro *A Implantação da Qualidade e Produtividade pelo Método do Dr. Deming*, com o objetivo de difundir o ciclo PDCA [*Plan* (planejar), *Do* (fazer), *Check* (checar) e *Act* (agir)], apresentado pelo guru da qualidade William Edwards Deming (1900-1993), que executado (ou "rodado") de maneira seguida, permitiria a qualquer indivíduo obter sucesso, tanto profissional (no trabalho) quanto pessoal (na vida privada)!!! Lembrando que mais tarde esse ciclo foi aperfeiçoado e transformado em PDSA, onde o S representa *Study* (estudar).

Mais tarde, eu e meu filho Victor Mirshawka Jr. trabalhamos juntos no sentido de aprimorar esse livro, o que fez surgir em 2014 um novo: *A Roda da Melhoria – Como Utilizar os 8 Is e Iniciar o Processo de Melhoria Contínua* (DVS Editora). Nele o PDSA foi expandido, contando a partir daí com uma sequência de **oito atitudes** ou **ações** – todas iniciadas pela letra **I** –, que juntas permitem que toda pessoa impulsione continuamente não apenas sua atuação profissional, mas também seu comportamento na vida particular.

Nesse livro destacou-se que, para uma mudança de fato acontecer, é necessário que uma pessoa tome a **iniciativa** de buscar novas **informações**. Estas novas informações permitirão a geração de novas **ideias** que, por sua vez, conduzirão a algum tipo de **inovação.** A partir daí, e com a devida **insistência** (ou **influência**), essa inovação será aceita por pessoas importantes na hierarquia empresarial, de modo que na sequência ela possa ser **integrada** por todos os envolvidos na organização e devidamente **implementada**. Uma vez concretizada essa implementação, depois de um breve tempo deve ser feita uma **introspecção** no sentido de identificar-se caso possíveis mudanças não tornaram a inovação inicial obsoleta ou não mais significativa, o que justificaria um **novo giro completo** pelos **8 Is** na "**roda da melhoria**"!!!

Vivemos numa época em que admiramos muitos **influenciadores**; indivíduos que se tornaram verdadeiros heróis para um enorme contingente de pessoas. Assim, a sugestão para quem está lendo esse livro é que se tome um ***Supereight (S8)***, isto é, alguém com grande habilidade para girar essa **roda da melhoria**, de forma ágil e oportuna, conforme os requisitos da 3ª década do século XXI, que exige de cada um de nós muita **agilidade**, uma rápida **adaptação** e um **aperfeiçoamento** contínuo. O objetivo de tudo isso é não apenas manter a **trabalhabilidade/empregabilidade** das pessoas, mas incrementá-la, principalmente nesses tempos em que se observa claramente o desaparecimento de tantos postos de trabalho, com a substituição de seres humanos por "maquinas inteligentes". E é dentro dessa perspectiva que serão descritos na sequência, em certos detalhes, os **8 Is**, isto é, os "poderes" dos ***S8***!!!

O Super Oito

Siga as etapas que permitem girar continuamente a "roda da melhoria" tornando-se assim "*Supereight*", ou seja, um(a) profissional um "super oito".

Uma das palavras mais utilizadas do momento é **mudança**, o que por si só já é um apelo permanente para que todo profissional **se ocupe com novas iniciativas** – constantemente!!! Os seres humanos são criaturas com inúmeras possibilidades para incrementar seu desempenho. Para isso, entretanto, é preciso compreender que **desempenho** depende de dois componentes: **habilidade** e **motivação**, algo que simbolicamente pode ser representado da seguinte forma:

Desempenho = Habilidade x Motivação

Estimativas de muitos pesquisadores indicam que atualmente, em meio a intensas TDs, as pessoas utilizam **apenas 20%** de suas habilidades!?!? O problema é que possuir uma habilidade e não utilizá-la é lamentável, **não é** mesmo? Uma maneira de evitar isso é valendo-se da **motivação**, o que significa ter a **iniciativa** de mobilizar todas as suas capacidades latentes para alcançar feitos notáveis!!!

É a intensa motivação – a **supermotivação** – que faz com que uma pessoa busque a realização de metas aparentemente inatingíveis. A questão é que, embora não seja tão difícil alcançar essa supermotivação, o mais complicado é mantê-la... Isso se explica pelo fato de a motivação ser um **fenômeno cíclico**, o que significa que num dia ela está lá em cima, e no outro lá embaixo, o que faz com que o indivíduo seja ora impulsionado por alguns **fatores positivos** (**motivadores**) e ora abalado por outros **negativos** (**desmotivadores**). Por essa razão, o primeiro passo da "**roda da melhoria**" é manter a iniciativa constante e, assim, "livrar-se" dos desmotivadores!!!

Existem dois tipos de motivação: a **automotivação** e a **motivação externa**, sendo que **raras vezes** uma funciona sem a outra. A motivação envolve a interação das pessoas com o seu ambiente e, consequentemente, quase sempre resulta de uma combinação de fatores internos e externos.

Entretanto, a **verdadeira motivação** é basicamente **interna**. Embora em geral seja necessário um elemento externo para precipitá-la, nenhum fator externo isolado pode ser exclusivamente responsável pela motivação. Todos nós somos impulsionados a tomar atitudes por poderosas forças internas, conhecidas como **desejos**, os responsáveis pela automotivação.

Quando se fala de motivação, estamos na verdade falando de **liberação de energia**. Todos os seres humanos são fábricas de energia. Esta é gerada de maneira contínua e automática por meio do metabolismo dos alimentos que ingerimos. Quando uma pessoa tem **pensamentos positivos**, estes estimulam **emoções energizantes**, com o que uma grande quantidade de energia motivacional é liberada.

Neste sentido, a foça motriz subjacente à automotivação é o **desejo**, que, em última análise, é o que nos impulsiona. Sem dúvida o desejo foi e continua sendo o responsável por instigar o surgimento dos "milagres" criados pelos seres humanos, as descobertas científicas, as invenções que levaram e continuam levando a tantas inovações.

Também é o desejo que, ao longo dos séculos, tem motivado os **visionários** a desenvolverem novos produtos e equipamentos, a estabelecerem estratégias inovadoras de gestão, a criarem serviços incríveis e a abrirem tantas empresas novas e diferentes (mais recentemente as *startups*...). Esse desejo se deve à **incrível força criadora das pessoas**. Tenha, pois, sempre a **iniciativa** de **alimentar** sua vontade de satisfazer seus desejos!!!

Entre os principais desejos do ser humano estão:

- **Atividade apreciada** – Todo ser humano deseja manter-se engajado, ativo e trabalhar em algo útil, para fugir do tédio e da monotonia.
- **Propriedade** – A posse de alguma coisa faz com que as pessoas se sintam melhor em relação a si mesmas (por exemplo, ser proprietário de uma *startup*...)
- **Poder** – Cada vez mais as pessoas desejam ter o **poder** de controlar seus próprios **destinos** e tomar decisões sem pedir permissão. **Poder absoluto**, entretanto, ninguém consegue ter...
- **Afiliação** – Os seres humanos são criaturas sociais, com uma profunda vontade de interagir e se socializar com outras pessoas, o que se comprova com o estrondoso sucesso das redes sociais.
- **Competência** – Talvez esse seja atualmente o desejo mais importante do ser humano, uma vez que a sua sobrevivência depende disso.
- **Realização** – Todas as pessoas buscam no decorrer de suas vidas alcançar diversos sucessos.
- **Reconhecimento** – Todos querem se sentir admirados pelos outros.
- **Significado** – Todos desejam acreditar que sua vida é importante, e que elas estão vivendo de acordo com um propósito!!!

BRILHE 22

Quando o assunto é **iniciativa** e **colaboração**, vale a pena recorrer a história dos personagens Todomundo, Alguém, Qualquerum e Ninguém, na qual se nota algo que ocorre com frequência!!!

"Havia um trabalho importante a ser feito. Todomundo tinha certeza que Alguém o faria. Qualquerum poderia tê-lo feito, mas Ninguém o fez. Alguém zangou-se poque era um trabalho de Todomundo. Todomundo pensou que Qualquerum poderia tê-lo feito, mas Ninguém imaginou que Todomundo deixaria de fazê-lo. No final, Todomundo culpou Alguém por Ninguém ter feito o que Qualquerum poderia ter feito."

Você, caro(a) leitor(a), se sente mais como Alguém, pois acredita que o seu perfil é *maker* ("fazedor") e que, ao contrário dos demais, não fugirá de sua responsabilidade e tomará a iniciativa de realizar a tarefa que é afeta a todos?

OI

Eu certamente já fiz umas 2.000 resenhas de livros (e com isso aprendi a "opinar" sobre livros que não li completamente. Seguindo os conselhos de Pierre Bayard em seu livro *Como Falar dos livros que Não Lemos*), fiz uma "pseudo" leitura do material).

Porém, há um bom tempo, ao fazer a síntese de *O Princípio do Progresso*, de autoria de Teresa Amabile e Steven Kramer, o livro me impressionou tanto que o li por completo e com muita atenção. Tanto que até hoje eu me lembro bem sobre como ter uma **conveniente vida interior no trabalho**.

De forma que ao discutir a importância do trabalho, o que implica em ter elevada empregabilidade/trabalhabilidade, recomendo que quem está lendo esse livro leia também o de Amabile e Kramer, assimilando principalmente as sugestões dadas para remover as barreiras mais comuns para o seu progresso profissional!!!

Amabile e Kramae enfatizaram: "Três são os componentes que influenciam o desempenho de uma pessoa: **percepções** (também chamadas de pensamentos ou cognições), **emoções** (ou sentimentos) e **motivação** (ou determinação, impulso).

A percepção pode variar de alguma impressão imediata ao entendimento de uma teoria relativamente complexa. A mente de uma pessoa continuamente lhe formula uma série de perguntas, especialmente se o que aconteceu for ambíguo ou inesperado. Essas perguntas – e também as respostas para elas – compõem suas percepções. A emoção é a alegria que você sente quando finalmente soluciona um problema difícil; a frustração acontece quando seu superior rejeita seu plano; a gratidão quando alguém o ajuda a encontrar informações críticas; o humor positivo quando sente que está progredindo etc.

Motivação é uma combinação de escolha de alguém em executar uma tarefa, seu desejo de dedicar esforço em executá-la e a determinação de persistir com este esforço. Muitas coisas no trabalho são influenciadas por percepções, emoções e motivação, em particular a **criatividade**.

Assim, quando as pessoas têm percepções positivas de seu ambiente de trabalho, por exemplo, enxergando seus líderes como cooperativos, abertos a novas sugestões, recompensando inovações etc., elas se comportam de **maneira bem criativa**!!!"

É vital manter a **iniciativa** de continuar tendo sempre **desejos**, não permitindo que a **automotivação** fique ofuscada por forças poderosas de **motivação externa** (recompensas, prêmios, elogios nem sempre verdadeiros, ameaças etc.)

Jamais esqueça, entretanto, que a motivação de fato depende de emoções que liberam a energia armazenada no corpo humano (nas cerca de 30 trilhões de células ali existentes) e a força das emoções vem da liberação de hormônios (mais especificamente de adrenalina) na corrente sanguínea.

Seja, portanto, um ***S8***! Viva intensamente sob a emoção de estar iniciando alguma nova atividade por conta própria. É a iniciativa que nos permitirá comprovar que não existe sorte no desenvolvimento profissional. Tomar a iniciativa é o fator fundamental que determinará os resultados que se deseja alcançar.

OI

Se você não entendeu ainda a importância da iniciativa, leia com muita atenção essa narrativa estimulante sobre como proceder para **começar**!!!

Comece agora.

Comece hoje.

Comece com o que você tem.

Comece sem estar pronto.

Comece sem apoio.

Comece a mover-se para alcançar as suas metas.

Comece errando.

Comece corrigindo rápido.

Comece pequeno.

Comece a agir.

Apenas comece!!!

E uma iniciativa que jamais deve ser deixada de lado é a de buscar cada vez mais novas **informações**, pois são elas que garantem ao indivíduo o conhecimento e a sabedoria. Naturalmente, o principal pré-requisito nessa busca incessante e contínua por mais informações é admitir, sem constrangimento, a própria **ignorância**.

Roubo de informações?

Antigamente, as informações importantes eram surrupiadas pelas formas que hoje são cada vez mais arcaicas (até porque cada vez menos pessoas leem notícias em jornais impressos...) pois somos "espionados" atualmente pelos próprios equipamentos eletrônicos que utilizamos!!!

A informação transformou-se num bem de capital, em muitos casos superando em valor a mão de obra, as matérias-primas e os recursos financeiros!?!? A atitude correta, elaboradora e feliz, para cada ser humano é a de incrementar continuamente o seu conhecimento por meio da aquisição de **informações úteis**, que lhe permitam perceber sempre as novas oportunidades e transformá-las em realizações, com destacados resultados!

Ao se tornar um profissional ***S8*** você saberá como selecionar as melhores informações que de fato se transformarão em conhecimento e sabedoria. Obviamente, quanto mais uma pessoa consegue transformar informação em algo significativo, mais ela se torna **energizada** e motivada em sua vida.

O perigoso, nesse caso, é que atualmente as pessoas têm recebido muitas informações que, embora bem estruturadas, são **falsas**. Elas são proliferadas especialmente nas redes sociais, mas também em diversos veículos de comunicação e no que restou dos nossos jornais, que perderam seu vigor e seu critério, assim como sua qualidade técnica e sua ética, fazendo com que duvidemos dos conteúdos divulgados. Por conta disso, acabamos sendo também **energizados** por essas **inverdades**.

Basta lembrar das previsões totalmente equivocadas feitas por centenas de infectologistas renomados (em seus países) sobre o tempo que seria necessário para o surgimento de uma vacina contra o *Covid-19*. No início esses profissionais alertaram que seriam necessários alguns anos para que isso acontecesse. Essa informação foi amplamente divulgada nas redes sociais, na TV, no rádio, nos jornais etc., o que evidentemente provocou **pânico** e **desespero** nas pessoas, mas então, em **menos de um ano**, mais de 10 vacinas ficaram prontas e começaram a ser aplicadas em todas as partes do mundo, oferecendo uma "certa" segurança e imunidade aos vacinados (isso porque algumas delas tinham baixa eficácia e provocaram efeitos colaterais danosos em um bom contingente). Obviamente isso permitiu que as farmacêuticas obtivessem ganhos extraordinários, pois os preços dessas vacinas foram bem elevados...

No que se refere a *fake news* ("**notícias falsas**"), pode-se dizer que elas sempre existiram, embora a expressão tenha se tornado mais popular a partir de 2016, ainda na campanha para a eleição presidencial dos EUA. Muito **bem elaboradas**, elas parecem **autênticas**, mas são obviamente **inverídicas**. Essas notícias são desenvolvidas com o propósito de propagar uma determinada linha de pensamento que seja "vantajosa" para um dos lados..., e seu alcance é exponencialmente alavancado pelas redes sociais.

As *fake news* são compartilhadas de forma acrítica e compulsiva, com um mero *click*, e fazem muitos estragos entre a população, pois **confundem**, **enganam** e **desinformam**!!! Por conta disso, os **mal-intencionados** acabaram **amealhando** para o seu arsenal de guerra uma arma com **alto poder de destruição**.

Como fazer para ele não repetir essas *fake news*?

Essas **mentiras**, entretanto, precisam ser enfrentadas! É crucial que as pessoas reflitam melhor sobre o que é divulgado, e busquem formas diferentes e mais eficazes de identificá-las e combatê-las. Uma delas se baseia em trazer ao público evidências claras de manipulação, valendo-se de imagens, vídeos e outros meios capazes de eliminar qualquer dúvida sobre a **não veracidade** das mesmas!?!?

BRILHE 23

Aí está um exemplo de como um boato se espalha.

O **fato original** foi: "Dois rapazes e duas moças estavam pescando quando o barco virou. Só as moças sabiam nadar (!?!?), portanto, elas conseguiram salvar os rapazes do afogamento. As famílias deles agradeceram o resgate."

Num veículo de comunicação, interessado no **exagero**, tratou-se de carregar nos detalhes para impressionar os leitores (ou espectadores), publicou-se (mostrou-se) o seguinte: "Alguns adolescentes davam uma festa à noite a bordo de um barco quando este virou de repente. Um dos rapazes quebrou a perna durante o acidente, mas, graças a duas jovens nadadoras profissionais que por acaso também estavam a bordo, ele e todos os demais passageiros foram salvos!!!"

Num outro veículo mais focado na "**simplificação**", que acredita que quando uma história se torna um boato ela vai encurtando enquanto se espalha, e os detalhes se perdendo pelo caminho (pelo menos em alguns casos), a notícia ficou assim: "Alguns adolescentes de ambos os sexos estavam num barco que virou. As moças sabiam nadar e salvaram os rapazes."

Mas também existem os divulgadores que adoram **reinterpretar** as histórias, conforme seu ponto de vista e seus estereótipos, e a notícia saiu assim: "Uma noite dessas um grupo de adolescentes bebia a bordo de um barco quando este virou. Dois dos rapazes que eram salva-vidas e, portanto, excelentes nadadores, salvaram todas as garotas que estavam a bordo!!!"

Cuidadoso(a) leitor(a), você não acha que as notícias que recebe (lê, vê ou escuta) podem estar impregnadas com essas e a outras distorções?

Porém, graças ao incrível desenvolvimento da IA, isso infelizmente tem se tornado cada vez mais difícil. Hoje as *fake news* já evoluíram para um estágio bem mais sofisticado e danoso, ou seja, o das *deep fakes* ("**inverdades profundas**"), o que, aliás, tornou as *fake news* ainda mais perversas!!!

Com as *deep fakes*, a partir de imagens e vídeos reais, é possível gerar novas imagens e vídeos que colocam as pessoas do material original fazendo coisas que não ocorreram – por exemplo, com a troca do rosto de uma pessoa por outra, a criação de uma fala completamente fictícia e/ou a inclusão de rostos "realistas", mas de pessoas que simplesmente não existem!?!?

Aliás, esse tipo de manipulação já podia ser feito há um bom tempo, mas as técnicas para sua produção eram bem complexas, caras e a qualidade final não era boa. Agora, entretanto, muita coisa para se chegar a *deep fake* pode ser feito de maneira cada vez mais automática, simples e barata.

Pois é, todos já deveriam saber que o tempo em que se podia confiar em tudo o que se lia ou recebia pela Internet (!!!) **ficou para trás**, tanto que a afirmação: "**Só acredito nisso por que estou vendo (ou ouvindo)**" já não faz o menor sentido!!!

BRILHE 24

No mundo complicado em que vivemos, é preciso ter muito profissionalismo em todas as áreas, **inclusive para mentir**, fazendo-o com **dignidade** e **competência**!?!?

Aliás, parece que atualmente mentir se tornou menos uma necessidade do mentiroso do que da pessoa enganada!?!? Neste sentido, uma boa mentira é aquela que **agrada ao ludibriado**, com uma margem mínima de desconfiança ou dúvida. Este é o caso de *fake news* que são aceitas quase incondicionalmente.

Porém, mentir exige **criatividade**, **convicção** (aliás, mentimos melhor quando não sabemos que estamos mentindo...) e naturalmente muito de "**cara-de-pau**". Uma boa exemplificação disso é o trecho da entrevista com um candidato em época de eleição:

— O senhor disse que seu partido iria arrecadar quase um bilhão de reais, certo?

— Eu não disse isso! Isso foi escrito nos jornais.

— Sim, mas isso saiu publicado, por que o senhor disse?

— Eu não disse! E se disse, não me lembro que disse!

— Olha! Esse disse-que-disse não está acrescentando nada!

— Concordo! Você disse uma grande verdade! Vou embora e volto quando forem feitas perguntas mais objetivas!?!?

Claro que o candidato procurou ocultar o que de fato acontecera, e não disse nenhuma verdade imutável, como:" Hoje será ontem, ontem já foi amanhã e amanhã se tornará hoje e depois ontem, **não é**?"

Alguns especialistas no assunto afirmam que o ser humano é mentiroso por natureza, e que a mentira é o "pilar das relações sociais", destacando que todos nós fomos "programados" para enganar, desde os primórdios da humanidade.

E isso ocorre nas mais diversas situações, seja para nos protegermos ou para levarmos alguma vantagem. É claro que um exemplo clássico de mentiroso é aquele que se encontra facilmente no meio político... Mas e você, atento(a) leitor(a), poderia citar pelo menos 10 afirmações nas quais se está provavelmente fugindo da verdade?!?!

Então, nesse seu processo para se tornar um ***S8***, considere sempre que o que você está lendo (ou vendo) pode ser apenas *fake news* – ou pior, *deep fakes* –, com o objetivo único de abalá-lo!!! Parece que "**curiosidade**" é o ingrediente básico que fomenta a iniciativa de se obter novas informações. À medida que crescemos e o tempo vai passando, precisamos de cada vez mais informações para desenvolver nossa inteligência e dar asas à nossa imaginação e inspiração.

Todas as pessoas neste mundo almejam ser **felizes**!!! E todo aquele que aprender a girar a sua **roda da melhoria**, impulsionada pelos 8Is, sempre viverá muitos momentos felizes, principalmente quando a partir das muitas informações **fidedignas** obtidas, conseguir ter muitas **ideias brilhantes**!!!

Uma das formas para se ter **novas ideias** é colocando a sua mente no **ponto neutro**, o que significa fundamentalmente limpar sua mente de pensamento focalizado. Nessa condição, no lugar de pensar ativamente, o seu cérebro entrará num estado mais passivo e relaxado.

A maioria das pessoas, entretanto, não usa de forma consciente o pensamento neutro, simplesmente pelo fato de não saber reconhecer seu poder!!! Quando o seu cérebro está no ponto neutro, os pensamentos parecem vir do nada; eles surgem com abundância de novos *insights* ("lampejos"). Isso ocorre porque sua mente, quando relaxada, torna-se mais alerta e receptiva a sua sabedoria.

Alguns especialistas afirmam que só quando estamos nesse **ponto neutro** é que passamos a nos interessar pelas eventuais respostas para perguntas que nos parecem ilógicas, incompreensíveis ou até mesmo contraditórias, como por exemplo:

1ª) Por que temos de ficar sérios em fotos de documentos?

2ª) Por que as portas das lojas 24 têm fechadura?

3ª) Por que a agulha de injeção letal é esterilizada?

4ª) Qual é a diferença entre andar rápido e correr devagar?

5ª) Se Deus está em todas as partes, por que as pessoas olham para o céu quando se referem a Ele?

6ª) Por que "tudo junto" se escreve separado e "separado" tudo junto?

Entre tantas outras...

Pois é, essas perguntas aparentemente "**absurdas**" são a fonte para que tenhamos respostas (quando existentes...) que nos permitem ter mais conhecimento e sabedoria, e para que também possamos ter novas e intrigantes ideias. Claro que existem diversas situações nas quais é inadequado ou pouco prático colocar a sua mente no ponto neutro.

Assim, quando uma tarefa exige a **concentração focalizada**, ou quando se aprende algo novo, sem dúvida é melhor pensar no **modo analítico**. Entretanto, sempre que uma pessoa estiver tensa ou achar que está gastando muita energia mental sem resultado, é uma **excelente ideia** parar e recorrer ao **pensamento neutro**, o que significa abandonar seu **pensamento analítico**, no qual se busca a explicação das coisas através da decomposição em partes mais simples, que são mais facilmente explicadas ou solucionadas, e uma vez entendidas tornem possível a compreensão do **todo**.

Já quem busca ideias **originais**, precisa de ferramentas que auxiliem a "soltar" sua imaginação. Uma forma eficaz para conseguir isso é construir e pensar em indagações que comecem com "**E se...?**", tais como:

1ª) E se as pessoas não precisassem mais dormir, o que aconteceria no mundo?

2ª) E se a expectativa de vida humana chegasse a 150 anos, o que ocorreria no planeta?

3ª) E se os seres humanos tivessem sete dedos na mão, que vantagens eles teriam?

4ª) E se as mulheres mandassem no mundo, ou seja, se elas estivessem nas posições de comando das principais nações do mundo, como seria o comportamento dos homens?

Etc.

BRILHE 25

a) Para deixar seus alunos mais curiosos e interessados, um professor de matemática do ensino fundamental II e do ensino médio promoveu uma "**aula de adivinhação**", na qual ele de sua casa (ensino remoto) diria a idade de um estudante sem vê-lo, apenas ouvindo as respostas do pupilo para a sequência de operações que este deveria fazer. Veja a seguir as instruções fornecidas pelo professor:

I. Multiplique sua idade por 4.
II. Some 20 ao resultado obtido.
III. Subtraia agora o dobro de sua idade.
IV. Tire 10 do último resultado.
V. Some agora o quíntuplo de sua idade.
VI. Diga agora qual é o valor total final.

Em seguida o professor diz a idade do estudante. Como é que ele conseguiu essa façanha?

b) Todo mundo gosta de números de mágica, mas nem todo mundo sabe que com os números podem ser feitos truques bem divertidos. Por exemplo, aí vai uma explanação de como se pode adivinhar a idade e o número do sapato de uma pessoa de 11 a 99 anos. Seja você, meu (minha) estimado (a) leitor (a) o (a) voluntário (a) para essa experiência, seguindo as seguintes instruções:

I. Multiplique a sua idade por 5.
II. Coloque um zero no final do número que obteve.
III. Some a data de hoje ao último resultado.
IV. Multiplique o que obteve por 2.
V. Some ao valor obtido o número do seu calçado.
VI. Multiplique o dia de hoje por 2 e então diminua o resultado do último valor obtido.
VII. Diga qual é o número ao qual chegou.

Pois saiba que os dois primeiros dígitos desse número são a sua idade e os dois últimos correspondem ao número do seu calçado. Como é que se chegou a isso?

Uma aptidão que o "especialista" ***S8*** deve possuir é a de ser **flexível** e **aberto** com os seus pensamentos, ao desenvolver seu **processo de ideação** e, particularmente, quando estiver analisando alguma ideia que lhe for apresentada.

E para conseguir a calma e o equilíbrio ao se analisar uma **ideia**, deve-se fazer isso sob três perspectivas, tentando obter respostas para o que ela tem de **bom**, **ruim** e **interessante**!!! Agora, como um exercício, estimado (a) leitor (a)), faça uma rápida (mas brilhante...) **análise tríplice** para as seguintes ideias questionadoras:

1ª) O que aconteceria se não pudéssemos utilizar a Internet durante uma semana?

2ª) O que ocorreria se o nosso planeta fosse invadido por seres vindos de outras partes do universo?

3ª) Como seria a vida dos estudantes que fossem submetidos a provas e avaliações todos os dias?

4ª) Como seria o comportamento das pessoas que durante um dia, todo mês, não pudessem falar com os outros?

Você não achou nada de **bom** em nenhuma das situações, pouca coisa **interessante** e praticamente tudo **ruim**!?!? Isso não é legal. Procure ser mais flexível... Entretanto, deve-se ressaltar que existem diversas outras formas para se chegar a muitas **ideias novas**.

Vale lembrar, porém, que todo aquele que tem boas ideias corre o sério risco de que algumas delas sejam "roubadas" (surrupiadas) e prontamente aproveitadas, seja por colegas, superiores, concorrentes etc. Outras vezes o próprio idealizador é lento demais para transformar sua ideia em realidade, ou seja, **implementá-las**.

O problema é que quando uma ideia não é adotada e usada para solucionar algum problema **ela simplesmente não tem valor**!!! Dessa forma, não se pode esquecer jamais que ideias têm que ser aplicadas antes que sejam reconhecidas como boas, o que somente acontecerá quando surgirem os resultados positivos de sua implementação...

Também não se deve espantar com o fato de que uma **boa ideia** para alguns pode parecer **ruim** ou **não aplicável** para outras pessoas... Sem dúvida uma boa ideia é aquela que nos leva a uma **solução inteligente** para alguma dificuldade, podendo isso ser as vezes de maneira considerada **original**, caso **nunca se tenha visto** nada igual antes!!!

Além disso, o tempo de utilização de uma ideia é bastante importante, de modo que por quanto mais tempo ela for aplicada, mais bem avaliada ela será. É por isso que a invenção da **roda** é considerada até hoje, por muitas pessoas, como a "**melhor ideia de todos os tempos**"!!!

Atualmente as ideias costumam passar por tantos filtros e são tão modificadas que não é muito realista que uma única pessoa reivindique sua autoria e o respectivo **crédito** (!!!), e um exemplo concreto desse caso envolve o processo de "criação" de uma nova música, quando o resultado nos dá a nítida impressão de que ela se parece demais com tantas outras!?!?

De fato, não é nada incomum que uma pessoa tenha uma ideia e acredite que ela seja totalmente original, quando na verdade é a imitação de outra imitação. Nesses casos, mesmo sem percebê-lo, ela acaba praticando o chamado **plágio criativo**, o que a conduz a outro tipo de "**imovação**"!?!?

Mas apesar de tudo isso, as **ideias** são essenciais para o desenvolvimento de um projeto, a criação de uma *startup* ou o alcance de qualquer **inovação**. É através das ideias que se manifesta a nossa **inteligência criativa**, e todo ser humano tem de valer-se da sua criatividade se almeja vencer como um ***S8***.

Nos tempos atuais, algumas ideias envelhecem bem mais depressa que no passado. Por essa razão, algumas ideias consideradas boas no passado podem não se aplicar ao presente e, especialmente, ao futuro... De qualquer forma, buscar uma **nova ideia** significa não ter medo de fazer perguntas, dos mais diversos tipos – algumas que até podem parecer bastante idiotas (ou até infantis), afinal, como se costuma dizer: "**A única pergunta idiota é aquela que você não faz!?!?**"

Para se chegar a novas ideias, é importante que o indivíduo não se restrinja a buscar – e ter – apenas uma ideia, uma vez que nada é mais **perigoso** do que uma **ideia única** em mente. Também é importante saber que uma **ideia nova** é geralmente uma combinação de elementos antigos!!! Por fim, é preciso que todo ideia se **apoie** em alguma coisa. Como uma provocação, veja o que disse o destacado dramaturgo e poeta alemão Eugen Bertholt Friedrich Brecht (1896-1956):

"Sob o familiar, descubram o insólito. Sob o cotidiano, desvelem o inexplicável. Que tudo o que é considerado habitual provoque inquietação. Na regra, descubram o abuso. E sempre que o abuso for encontrado, encontrem o remédio."

É por essa razão que o especialista ***S8*** toma constantemente a **iniciativa** de obter muitas **informações** novas que lhe tragam o conhecimento e sabedoria adicionais para imaginar, refletir e, dessa forma, gerar **novas ideias** que seguramente poderão melhorar a sua vida e conduzi-lo eventualmente a alguma **inovação**.

Matt Kingdon, um especialista em **inovação** e autor do livro *Os Verdadeiros Heróis da Inovação* (DVS Editora), destacou: "Existe algo mais excitante que pegar uma folha de papel em branco e nela elaborar um plano ou criar algo que tenha valor real?" Conseguir fazer algo do nada, ou ser capaz de apontar para alguma coisa e dizer: "Fui eu quem criou isso!", é realmente **entusiasmante**. De fato, não há muito em nossa vida profissional que seja mais excitante que isso.

Estar no lugar certo no momento certo, e ver o que nenhuma outra pessoa conseguiu enxergar, ser capaz de "**conectar**" os pontos e, dessa forma, levar adiante uma ideia até que ela se transforme em um grande sucesso comercial, esse é o tipo de relato que comumente se ouve de um empreendedor bem-sucedido!!!"

Hoje em dia as empresas mais admiradas, ou nas quais é mais agradável trabalhar, são aquelas em que se aplica a **gestão criativa**, praticada por gestores ***S8*** inovadores, que estimulam seus colaboradores a ampliar sua **imaginação** para que estes tenham **ideias novas** que possam levar a **inovações**...

BRILHE 26

Pensando "fora da caixa", você poderia tentar "explicar" para que serviços poderiam ser usados esses parafusos?

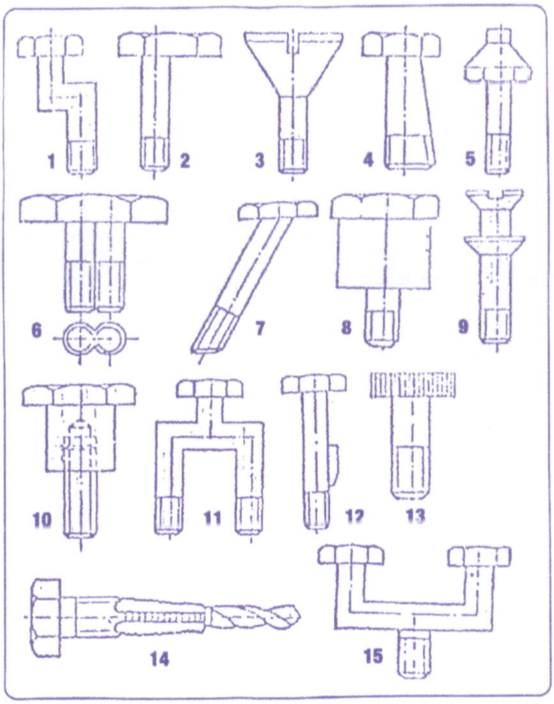

No livro 2 já analisei como surgem e o que são descobertas, invenções e inovações, mas nunca é demais ressaltar o fato de que chegar a uma inovação vale muito a pena. É por meio dela que o inovador consegue não apenas melhorar o desempenho de uma empresa, como também evoluir muito na própria carreira.

Veja, por exemplo, um consultor que que consegue introduzir processos inovadores na organização que o contratou. Isso com certeza o tornará **bastante valorizado**!!! Então, não perca tempo e aliste-se rapidamente no rol dos que desejam ter a **inovação dentro da sua rotina**!!!

Ninguém deve esquecer, entretanto, que nessa 3ª década do século XXI o impacto do **fator renovação** provocado pelas intensas e contínuas TDs fazem com que uma inovação se torne rapidamente antiga, ou até mesmo obsoleta. Por isso, a introdução de significativas melhorias é exigida em prazos cada vez menores (como exemplo, verifique o que tem acontecido com os telefones celulares nos últimos 15 anos...).

A inovação exige, em primeiro lugar, que o profissional seja no mínimo **3Is**, isto é, que ele se concentre em demonstrar **iniciativa** (para trabalhar), obter **informações** (que o supram com o conhecimento e a sabedoria necessários) e produzir **ideias** (de maneira talentosa e produtiva).

BRILHE 27

Dizem, se bem que não há uma prova concreta disso, que foi o próprio Albert Einstein em 1918 que propôs um enigma – o enunciado vai adiante... -, que até hoje pouca gente conseguiu resolver valendo-se da lógica matemática (especialmente dos conceitos da teoria dos conjuntos).

Aliás, estimou-se que só 2% das pessoas de fato conseguem chegar à resposta (eu sofri muito até chegar a ela...) Mas, de qualquer forma, aí está uma oportunidade para você exibir sua perspicácia e competência matemática!!!

Numa rua há cinco casas de cores diferentes e em cada uma delas mora uma pessoa de nacionalidade distinta. Cada morador tem a sua bebida, seu animal de estimação e esporte preferidos, todos diferentes. A questão é saber: **quem é que tem o peixe**?

Para se chegar a essa "descoberta" serão dadas na sequência 15 informações:

1ª) O inglês mora na casa vermelha.

2ª) O sueco tem cães.

3ª) O dinamarquês bebe chá.

4ª) A casa verde fica à esquerda da casa cinza.

5ª) O dono da casa verde bebe café.

6ª) A pessoa que joga futebol cria pássaros.

7ª) O dono da casa amarela joga beisebol.

8ª) O homem que mora na casa do centro bebe leite.

9ª) O norueguês mora na primeira casa.

10ª) O homem que joga vôlei mora ao lado da pessoa que tem gatos.

11ª) O homem que tem cavalo mora ao lado do homem que joga beisebol.

12ª) A pessoa que joga tênis bebe cerveja.

13ª) O alemão joga hóquei.

14ª) O norueguês mora ao lado da casa azul.

15ª) O homem que joga vôlei tem um vizinho que bebe vinho.

Bem, minha sugestão para o(a) atento(a) leitor(a) é que seja elaborada uma tabela, em cujo topo estejam anotadas as casas em cores diferentes e que nas linhas estejam as características e preferências de cada morador (nacionalidade, bebida favorita, animal de estimação e esporte).

Então, seguindo as informações, será possível ir preenchendo as caselas da tabela (matriz), o que lhe permitirá no final de tudo concluir que o dono do peixe é o ....

Claro que tudo isso se tornará mais simples quando o inovador conseguir estruturar-se em suas competências especiais (seus pontos fortes), para assim alcançar mais rapidamente uma inovação. A partir daí, o maior problema passará a ser a **boa aceitação** dessa inovação, o que exigirá **insistência** junto às pessoas certas, e a capacidade de **influenciá-las** para que concordem com o **uso** e/ou a **aplicação** da mesma.

No que se refere a insistência, vale destacar que no **processo de investir em si mesmo**, um profissional deverá procurar continuamente aumentar sua capacidade de **influenciar** e **persuadir** pessoas!!! Todavia, insistir no convencimento de que a sua ideia, proposta de inovação ou seu projeto tem valor não é uma tarefa fácil de se concluir com sucesso!?!?

No ambiente de trabalho é cada vez mais necessário **saber insistir**, o que tem gerado uma demanda crescente por pessoas capazes de influenciar de maneira eficaz – como fazem os líderes –, a fim de obter os resultados desejados através da colaboração de todos no trabalho. Essa **influência**, entretanto, não pode ser apenas **manipulação**.

A **influência** é a habilidade de afetar os outros de forma **ética**, sem a utilização de força ou de autoridade formal. Ela é percebida apenas pelos seus efeitos!!! Naturalmente uma pessoa pode ser influenciada por vários motivos ou diversas condições, como: amizade, oportunidade de ser feliz, aventura, sentimento de segurança, emoção, competência, bom relacionamento, criatividade etc.

No famoso livro *As 48 Leis do Poder*, escrito por Robert Greene e Joost Elffers, eles destacaram: “A maneira mais rápida de conquistar a mente das pessoas é demonstrar para elas com a maior simplicidade possível como uma certa ação as beneficiará.”

Já o psicólogo Robert Beno Cialdini, especialista nesse tema, classificou a **persuasão** como o nível mais elevado de **influência**, e explicou que o poder de persuasão é de grande valor qualquer indivíduo. Esse ponto, aliás, foi bem destalhado em seus livros *As Armas da Persuasão 2.0* e *O Poder da Persuasão*. Segundo Cialdini, para se tornar um **persuasor eficaz** é vital saber utilizar os seguintes seis princípios (ou argumentos):

1º) **Simpatia (afinidade)** – Se as pessoas gostam de você – seja porque acreditam que você goste delas ou porque acham que vocês têm algo em comum – é mais provável que elas digam **sim** a você!!!

2º) **Reciprocidade** – As pessoas em geral costumam retribuir **favores**, portanto, se você cooperar com alguém ou ajudar essa pessoa de alguma forma, é bem provável que essa pessoa retribua a gentileza, e “**pague**” na mesma moeda!!!

3º) **Comprovação social** – Ao perceber outras pessoas agindo de uma determinada forma, o indivíduo que observa tenderá a fazer o mesmo, sobretudo se essas pessoas forem semelhantes a ele.

4º) **Compromisso e coerência** – Todo mundo quer ser coerente, ou pelo menos parecer coerente!!! Se as pessoas assumiram pública e voluntariamente um compromisso, em geral elas procuraram honrá-lo!!!

5º) **Autoridade** – As pessoas geralmente se curvam diante de especialistas e de gente em posição de autoridade. Em muitos desses casos, entretanto, isso não acontece por "influência", mas por "submissão"!!!

6º) **Escassez** – As pessoas dão mais valor àquilo que consideram **escasso**!!!

Entre as várias características dos melhores persuasores destacam-se as seguintes: honestidade, empatia, franqueza, humildade, sinceridade, temperamento agradável e, obviamente, a insistência. Assim elas procuram **informar**, **instigar** e **inspirar**.

Em seu livro *QI da Persuasão* (DVS Editora), Kurt W. Mortensen salientou que as pessoas que alcançam sucesso em suas carreiras, obtendo renome (excelente MP) e riqueza são as que conseguiam um elevado quociente de inteligência de persuasão (QP).

Para que um indivíduo consiga um alto QP deverá ser capaz de:

1º) **Alterar sua programação mental**, transformando sua energia emocional em desejos.

2º) **Compreender o pensamento do seu público**, percebendo o que as outras pessoas estão sentindo.

3º) **Conquistar empatia instantânea e sincronização social**, isto é, acontecendo em 30s ou menos.

4º) **Saber estabelecer confiança de forma automática**, graças ao seu caráter, sua confiança, congruência e credibilidade.

5º) **Usar seu poder e eventualmente sua autoridade para conseguir atenção**, mas isso de modo consistente e praticando uma persuasão não coercitiva.

6º) **Possuir as características essenciais:** carisma, paixão, otimismo, atitude, empatia, visão e autoestima.

7º) **Motivar a si mesmo e as outras pessoas o tempo todo,** de acordo com a recomendação do ex-presidente dos EUA, general Dwight D. Eisenhower (1890-1964), que dizia: "**Motivação é a arte de levar as pessoas a fazer o que você deseja que elas façam, porque elas próprias desejam fazê-lo**!!!"

8º) **Desenvolver suas habilidades de comunicação e apresentação**, não sofrendo de forma alguma de **lalofobia** – medo de falar em público!!!

9º) **Preparar-se previamente para o processo de convencimento**, isto é, planejar como irá procurar persuadir o outro, de forma insistente.

10º) **Adquirir um autodomínio**, apoiando-se constantemente em seus pontos fortes, sem desperdiçar tempo ou energia com seus pontos fracos... Obviamente, quem tiver um elevado QP terá muito sucesso em seu processo de insistir para influenciar o comportamento alheio. O QP é facilmente percebido nos **influenciadores (*influencers*) sociais**, em especial naqueles que têm milhões de seguidores.

Entende-se que a **influência social** consiste na ação de fazer com que uma pessoa ou um grupo de pessoas aja ou pense de modo diferente do habitual, seguindo atitudes até então desconhecidas ou desconsideradas pelas pessoas influenciadas. Com a influência social, por exemplo, as pessoas aprendem a identificar o modo de se comportar, quais roupas vestir ou a maneira de se expressar, dependendo do ambiente em que estão, tudo isso graças a influência sofrida a partir dos demais integrantes desses grupos.

As mídias sociais abriram um enorme espaço para os **influenciadores digitais**, e eles estão exercendo uma crescente influência, por exemplo, no processo de tomada de decisão para certas compras feitas pelos seguidores. Como eles estão sempre produzindo conteúdos novos para seus seguidores, focados no que eles estão desejando ou deviam querer, acabam tendo uma relação de bastante proximidade com os mesmos.

Uma vez que esses influenciadores acabam conquistando respeito de seus seguidores, estes acabam acatando praticamente tudo o que eles falam, divulgam e/ou recomendam!!! Não é, pois, por acaso que atualmente a maioria das *startups*, em especial as que alcançaram a condição de **unicórnio**, recorrem aos influenciadores digitais para que não apenas seus seguidores, mas também outros eventuais futuros clientes tomem ciência de seus produtos e/ou serviços, valendo-se assim do ***marketing* digital de influência**!!!

Não se pode esquecer que muitas vezes a **insistência** é entendida por algumas pessoas como simples **teimosia**. Em outras situações é vista como algo **maçante** ou, no mínimo, **inoportuno**!?!? Porém quem tomou a **iniciativa** de buscar muitas **informações** para, a partir delas, gerar **novas ideias** e poder **inovar**, também estará preparado para **insistir**, sempre de forma **ética**. E esse profissional fará isso com todos, especialmente com os que têm poder de decisão, lutando para **influenciá-los** e fazê-los compreender as inovações propostas são bem úteis!!!

Todavia, a insistência naquilo que você acredita, mas que os outros ainda não compreendem claramente (nem aceitam), lhe trará contratempos. Assim, a despeito do quão imbuído do desejo de "zerar" tal possibilidade, qualquer um que insista pela adoção de alguma inovação deverá incluir o **insucesso** entre os possíveis resultados!?!? Mas saiba que a felicidade ao final de uma jornada vitoriosa compensará com sobras todas as frustrações e todos os conflitos com aqueles que não entenderam sua insistência em convencê-los.

E agora que mencionei as características insubstituíveis de um profissional ***S8***, é hora de dizer o que ele **não pode ser**: inconsistente e indomável (um absoluto autocrata), incompleto (desprovido de iniciativa, QP, etc.), inconveniente (alguém que utiliza o convencimento de forma equivocada), intolerável, irritadiço ou indeciso.

Para que a **insistência** se transforme em uma luta menos dolorosa, é conveniente que se reduza ao mínimo os possíveis **desconfortos** sentidos pelos outras com as novas ideias e inovações. E é imprescindível que se faça isso o quanto antes. Assim, na fase da insistência é bastante comum perceber nos outros **muita raiva**, algo que é facilmente liberado quando uma pessoa sai da sua zona de conforto – devido inclusive à pressão que pode sentir durante a tentativa de persuasão – para se adaptar à mudança que vem junto com a inovação.

OI

Uma coisa deve ser enfatizada para todo aquele que desenvolve a sua roda da melhoria: **não se deve desistir nunca**!!! E quando esse sentimento surgir, leia o seguinte texto de autor desconhecido.

Nunca desista!

"Quando tudo dá errado, o que acontece às vezes, quando a estrada que você está trilhando parece longa, quando os fundos são escassos e as contas são altas e você quer sorrir, porém precisa suspirar, quando a preocupação o pressiona um pouco, descanse(!) se precisar – porém, nunca desista.

A vida é estranha, com suas idas e vindas. Isso todos nós acabamos aprendendo. Muitas vezes fracassamos quando se poderia ter ganho, se tivesse havido persistência. Continue sua tarefa, embora o ritmo pareça lento – você pode ter sucesso com um pouco mais de fôlego.

O sucesso é o fracasso virado pelo avesso – o toque prateado das nuvens da dúvida. E você nunca pode afirmar o quanto está perto, pode-se estar próximo quando tudo parece distante. Então continue na luta, mesmo quando for duramente atingido. É quando tudo parece pior que você não deve desistir."

Por mais que o vento sopre com força e contra você, resista, não desista!!!

O profissional ***S8***, porém, é aquele que com bastante dedicação não se deterá e continuará a insistir, pois o seu objetivo final é alcançar a **integração**.

A palavra **integração** é um substantivo feminino que designa a incorporação de um certo comportamento – digamos, o de aceitar a mudança provocada por alguma inovação –, ou a introdução de um certo elemento (equipamento) dentro de um ambiente de trabalho ou num certo contexto.

Os principais sinônimos da palavra **integração** são: assimilação, associação, agregação, anexação, ampliação, concentração, incorporação, junção e reunião. O termo tem origem no latim *integrare*, que significa o "ato ou efeito de **tornar inteiro**"!!! No sentido metafórico seria como juntar as partes para formar um todo mais **coeso**.

Nunca faça "discursos" sobre como conseguir a integração quando estiver com raiva!?!?

Numa empresa a integração é importante pelo menos em três situações básicas: inserir um novo funcionário na organização, incrementar o trabalho em equipe e incorporar sistemas e aplicativos. No que se refere a novos funcionários, é o **indispensável** e **urgente** processo de *onboarding* (boas-vindas a colaboradores recém-contratados) que permite a rápida criação de um ambiente harmônico e otimista no trabalho. Isso gerará nos novos talentos recém-contratados a vontade de permanecer e trabalhar de maneira eficaz na empresa.

A integração é uma palavra que também aparece na **matemática superior** (como a ação para calcular uma integral), na **eletrônica** (no desenvolvimento e na fabricação de circuitos integrados), na **sociologia** (para se referir ao processo de introdução de pessoas em certos grupos sociais), na economia (com o estabelecimento de blocos econômicos, como o Mercosul, a União Europeia etc.).

É comum ouvir-se falar de integração nacional, o que pode se viabilizar graças às boas políticas públicas. Pode-se inclusive destacar que no nosso País, com um território tão grande, um importante fator integrador foi o fato de que se fala a **mesma língua** em todas as regiões, com apenas um sotaque diferente e algumas palavras distintas para certos itens.

Muitos países no planeta acabaram se "dividindo" pelo fato de as pessoas não falarem a mesma língua, ou possuírem dialetos incompreensíveis para indivíduos que viviam em outras regiões da mesma nação. Entre os exemplos dessa ocorrência temos a Espanha, onde na região de Barcelona fala-se o catalão, um idioma muito diferente do espanhol. Isso também acontece entre Rússia e Ucrânia, dois países que, desde fevereiro de 2022, estão envolvidos numa terrível guerra (apesar de muitos ucranianos saberem falar russo...).

Interessantemente, a palavra **integração** pode significar tanto o processo de integração como o seu próprio resultado. Ela está conectada com a ideia de unificar componentes heterogêneos de uma forma sinergética. Numa empresa, a integração tem como finalidade estabelecer uma operação mais eficaz dos processos de negócios (por exemplo, suas cadeias de suprimento devem operar de forma integrada).

A integração é obviamente obrigatória quando da introdução de mudanças. É vital, por exemplo, que todas as funções e todos os setores da empresa estejam plenamente conectados para que funcionem de maneira correta. Vejamos, por exemplo, um diretor de faculdade que propõe **alterações radicais no currículo da instituição** ou na forma de ensinar. Para garantir uma mudança bem-sucedida, ele precisará integrar todos os professores a essa tarefa, para que cada um deles modifique adequadamente o programa de sua disciplina ou como transmite o seu conhecimento.

Você mesmo(a), caro(a) leitor(a), se optar por uma carreira profissional totalmente diferente da atual, provavelmente buscará pelo apoio de amigos e familiares, afinal, nada é mais assustador que enveredar para uma nova atividade enquanto se sente "desintegrado (a)" e é criticado (a) por todos aqueles que lhe são próximos, **não é**?

Assim, o intuito da integração é suprir uma melhor comunicação, obter uma maior cooperação e estabelecer uma coordenação eficiente dentro da empresa, de maneira que ela se comporte como um "**todo integrado**", e consiga desse modo uma maior capacidade de gestão das mudanças, incrementando com isso a sua produtividade.

Vivemos numa época em que a Internet possibilitou não apenas uma intensa integração *online*, mas também uma verdadeira revolução na comunicação entre as pessoas. Basta pensar na rapidez com que os protestos são organizados ou na influência exercida pelas pessoas que hoje compartilham suas opiniões sobre os temas mais variados!!!

A essa altura, é claro que o(a) estimado(a) leitor(a) já percebeu que, para se tornar um (a) **profissional *S8* completo (a)**, não é necessário apenas a **iniciativa** para conseguir sempre **novas informações** (a partir das quais surgirão novas **ideias** e se chegará à **inovação** no modo de pensar, sentir e se comportar). Também é preciso desenvolver uma **influência eficaz**! Isso acontecerá pela **prática da insistência**, na qual o objetivo é alcançar, no momento adequado, a **integração** desejada, seja na empresa em que trabalha (quando mudanças se fazem necessárias) ou na vida profissional (quando, por exemplo, suas **novas atitudes** visando desenvolvimento em sua carreira demandam explicações e convencimento).

Sem **integração** torna-se muito difícil desenvolver a cultura e fixar tradições numa organização, o que resulta diretamente na descontinuidade de crenças e princípios de ação. Como a integração de uma mudança implica na plena aceitação por todos, isso somente é possível quando se recorre ao poder do trabalho em equipe. Portanto, o objetivo da integração é evitar problemas e garantir o sucesso das novas ideias, das inovações, dos novos processos de trabalho etc. Somente existindo integração é que se pode promover com sucesso a **implementação** de **mudanças**, ou seja, a introdução plena de **processos inovadores**.

Quem já passou pelos **6Is** anteriores, conseguiu de fato os resultados que lhe permitam executar corretamente a **implementação** da melhoria. Isso, no fundo, significa que o profissional que tomou a **iniciativa** de avaliar a viabilidade da mudança, **informou-se** bem sobre isso e **insistiu** com todos com poder de decisão que se tratava realmente de uma boa **ideia inovadora**, disseminou-a dentro da empresa, ou seja, efetuou a **integração** e, portanto, está pronto para **implementá-la**!!!

A **implementação** é uma das etapas mais difíceis de todo o processo que permite girar a roda da melhoria. Mas para que ela realmente aconteça é conveniente que no decorrer da implementação, o plano estabelecido para isso permita alguma **flexibilidade** para os eventuais ajustes que precisem ser feitos de acordo com as circunstâncias que surgirem.

Um esquema bem interessante para se conseguir a **implementação** foi apresentado por Alan G. Robinson e Dean M. Schroeder no seu livro

Organização Guiado por Ideias – Inovação a partir de Todas as Pessoas. Eles recomendam a execução de nove passos para se ter um **processo de implementação efetivo**:

1º Passo – **Garantir o compromisso no longo prazo da liderança da organização ao novo sistema de ideias novas, isto é, as mudanças que se pretende introduzir.** Quando a alta administração de uma empresa vê na **introdução constante de inovações** uma iniciativa importante para o seu desenvolvimento, isto significa que suprirá o apoio necessário para que uma equipe com paciência e perseverança possa implantar as mesmas, de forma estratégica.

2º Passo – **Formar e treinar a equipe que projetará e implementará as mudanças.** Essa equipe deve ter o poder, a credibilidade e o conhecimento para introduzir as inovações (os novos sistemas) de maneira que se integrem bem com a forma que a organização já trabalha, abordando os seus problemas potencialmente significativos que surgirem e sob a orientação do seu líder – de preferência deveria ser alguém do tipo ***S8*** – isso ser do conhecimento de todos na empresa.

3º Passo – **Avaliar a organização sob a perspectiva de gestão das ideias.** Essa avaliação tem duas finalidades. A primeira é para identificar os desalinhamentos e quaisquer desafios potenciais para a implementação de novas ideias na empresa. A segunda, é no sentido de encontrar as melhores maneiras para integrar as inovações (ou seja, o novo sistema de ideias) com as formas de operar que já existem na organização.

4º Passo – **Facilitar ao máximo a introdução das mudanças.** O objetivo da equipe de implementação – que poder ser muito desafiador – é o de desenvolver um sistema o mais simples possível que permita abordar com sucesso a eventual complexidade das inovações. Assim quanto mais simples for a maneira de **integrar** as mesmas nas práticas e procedimentos existentes, isto quer dizer, quanto **menos** práticas e procedimentos novos precisarem ser criados para efetivar isso, mais fácil e rapidamente essas inovações (os novos sistemas de ideias) permitirão que surja uma melhoria na forma de trabalhar, isto é, no desempenho da empresa.

5º Passo – **Começar a corrigir os desalinhamentos.** É bem difícil (e talvez até seja desnecessário...) alinhar perfeitamente uma empresa antes da **introdução das inovações**. Aliás a verdadeira natureza e todas as ramificações de alguns desalinhamentos somente se tornarão claras depois da introdução na empresa do novo sistema de ideias (inovações). Mas naturalmente antes disso é importante eliminar todos os **desalinhamentos**

óbvios para que as equipes de linha de frente possam **implementar** as inovações sem heroísmos desnecessários!?!?

6º Passo – **Conduzir um teste piloto.** Sem um bom teste pilotos, muitos problemas fáceis de corrigir, se não observados no início se tornam bem perturbadores e difíceis de lidar quando a implementação for amplamente instalada!!!

7º Passo – **Avaliar os resultados do teste piloto, fazer ajustes e preparar lançamento, isto é, o início da implementação em todos os setores da empresa.** Após a finalização do teste-piloto deve-se conduzir uma revisão completa do mesmo com a intenção de:

- Identificar quaisquer problemas com o processo de utilização das inovações (do tratamento das novas ideias), incluindo aqueles causados por desalinhamentos nos sistemas de gestão de mudanças da empresa.
- Determinar se há a necessidade de recursos adicionais em quaisquer áreas críticas.
- Capturar as "**lições aprendidas**", valendo-se desse conhecimento para a plena implementação.

8º Passo – **Promover a implementação em toda a empresa.** O ritmo e a natureza da introdução de inovações (de um novo sistema de ideias) dependem do tamanho, estrutura, cultura e recursos de uma empresa, assim como do sentido de urgência de sua equipe de liderança. Mas na maioria das situações é melhor realizar essa implementação de forma gradual (mas não lenta...).

9º Passo – **Continuar a melhorar a sua gestão de mudanças.** A introdução de inovações (de um novo sistema de ideias) não é e nem pode ser uma iniciativa "**dispare e esqueça**". Aliás, todas as empresas atualmente, mesmo aquelas mais "maduras", ou conservadoras, estão impulsionadas por inovações (por novas ideias) com o que buscam continuamente diferentes maneiras para melhorar a sua gestão de mudanças.

BRILHE 28

Em seu livro *Humor*, o filósofo e crítico literário britânico Terry Eagleton levantou a seguinte questão: de que forma o humor pode ser ao mesmo tempo uma forma de companheirismo, um vislumbre de utopia e uma arma política a ser utilizada contra os poderosos. Ele disse:

"O humor deprecia a humanidade, mas também constitui um louvável exemplo dela. Daí que ele seja essencialmente ambíguo e anarquista por definição. **O humor se autogratifica com o riso!!!** Porém, há uma grande diferença entre humor e riso.

O bom humor é mais comum que o riso. Enquanto o humor necessita de um objeto, o riso pode surgir do simples prazer com a companhia de alguém. Assim, quando num teatro uma plateia urra, reage a uma situação no palco, mas também à própria animação de todos que ali se encontram!!!

É que, assim como a dança, o riso é uma **linguagem do corpo**.

"Quem soube como ninguém se valer do riso para produzir arte é Yue Minjun.

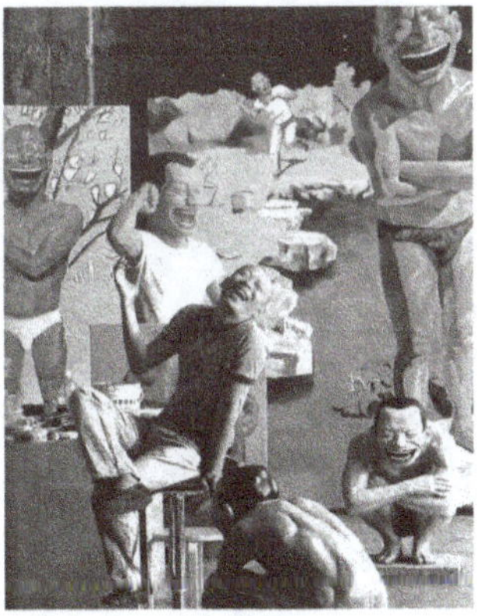

Yue Minjun é um artista chinês contemporâneo que se tornou mundialmente conhecido pelas suas pinturas de óleo, esculturas, aquarelas e estampas, retratando-se de diversas maneiras, sempre com um sorriso ou uma gargalhada. O que acha desse "realismo cínico" no seu autorretrato ***Alegria Disfarçada de Crítica Política***?

De uma forma profissional, pode-se dizer que o humor e a criatividade estão intimamente relacionados, pois existe uma grande conexão entre o Ha!Ha!Ha! (suas risadas) e o Aha! (o "eureka" associado a suas "descobertas").

Além de dar mais colorido à nossa vida, o humor também fornece a ela uma outra dimensão. Aliás, é esse humor que amplia o nosso horizonte e altera a perspectiva de cada pessoa. Com o humor passamos a olhar a verdade por meio de lentes distorcidas.

Todo aquele que perder o poder de rir, também poderá perder o poder de pensar de forma criativa. É um sorriso que cria outro sorriso. Na verdade, um sorriso é o primeiro passo para que o humor seja possível. E nós não rimos porque estamos felizes, nós estamos felizes porque podemos rir!!!

Se você puder escolher uma característica (ou habilidade) que tranquilamente usará durante toda a sua vida, sem dúvida opte pelo **senso de humor**. Todavia, não pratique o humor destrutivo, ou seja, aquele desprovido de discernimento e insensível – o "**chiste barato**" –, no qual não há nenhum desafio ou sabedoria real envolvidos. Aquele que em vez de causar um momento Aha!, provoca não apenas antipatia, mas até mesmo um forte medo em relação ao que foi dito...

No final das contas, pode-se dizer de forma metafórica ou figurada que o humor é o óleo que impede que o motor da sociedade fique superaquecido. O melhor humor é o que se fundamenta na comédia humana, e está relacionado com as situações comuns que são familiares a todos nós, particularmente no decurso de uma implementação.

Veja agora se é isto o que acontece nas ilustrações e mensagens que vêm a seguir:

a)

"Finalmente, temos um voluntário para nos explicar o que vem a ser osmose. Parabéns pela iniciativa!!!"

b)

"Você pode me explicar como ele aprendeu a fazer isso!?!?"

c)

"Segundo o nosso líder, o prato deve ser deixado como estava antes de se colocar a comida nele."

d)

"Caros integrantes do comitê gestor, depois que contratamos Demon como nosso consultor, não tivemos mais conflitos com a ética nos nossos negócios."

e)

"Não tenha medo. A agulha é longa, mas está com ponta!"

f)

"Chefe, é muito fácil acabar com a sua indecisão e o seu trabalho. Os currículos novos estão em cima e os bem antigos na parte de baixo, mas esses pretendentes já desistiram de nossa empresa..."

É por isso que agora, mais do que nunca, o **aperfeiçoamento** contínuo se tornou tão vital para todas as empresas (e também para as pessoas individualmente, principalmente as que atuam de forma autônoma precisando incrementar sua **trabalhabilidade**), que procuram alcançar uma eficiência maior no seu processo de implementação de mudanças, adaptando-se às mesmas mais rapidamente e tornando-se mais **ágeis** com a introdução das TDs...

Como é, são essas as etapas – os **7Is** – que você também executa para poder implementar as "novidades" na empresa na qual deseja garantir sua **empregabilidade**, ou faz algo semelhante para impulsionar sua carreira profissional? Sem dúvida, a **implementação** é o coroamento do muito esforço desenvolvido nos seis estágios anteriores.

Mas claro que o **especialista *S8*** bem-sucedido numa **implementação** sabe que não levará muito tempo para que tenha de fazer uma **introspecção**, para concluir que, devido ao **fator renovação**, deverá brevemente **recomeçar** o seu trabalho para promover novas **adaptações** rapidamente, isto é, com **agilidade**, e incrementar o **aperfeiçoamento**, tanto na organização que trabalho, como de si mesmo!!!

Todo aquele que chega a esta 8ª etapa – a **introspecção** – é alguém que acredita e aceita que não se pode entender os processos (comportamentos) novos implementados como **eternos**!?!? É necessário, especialmente nessa era digital **considerar** que o que serviu há três anos (ou bem menos) pode não estar servindo bem agora, e certamente será obsoleto daqui a três anos (ou menos) ...

Não podemos, pois, ficar presos ao que já se conquistou ou se implantou, apesar de a maioria das pessoas ter uma **grande tendência de conservar os seus hábitos por muito tempo**!!! A introspecção deve ser considerada a mãe de todos os outros **7Is** virtuosos, pois apesar de ser o último passo, acaba sendo o **principal** visto que força a pessoa a se energizar e procurar entrar num novo ciclo que lhe permita promover alguma **reinvenção** no seu trabalho ou na sua vida pessoal.

As pessoas resistem as mudanças, pois estas as tiram do equilíbrio. No seu livro *A Paz Começa com Você*, o escritor australiano, radicado no Brasil, Ken O'Donnell, um especialista no campo do desenvolvimento humano escreveu:

"Para sentir-me completo tenho que ser estável; para ser estável é necessário equilíbrio. O equilíbrio entre...
Ser alegre, e não ser extrovertido (no sentido negativo).
Ser sincero, e não se machucar.
Ser firme nas ideias, e não arrogante.
Ser humilde, e não submisso.
Ser rápido, e não impreciso.
Ser contente, e não complacente.
Ser despreocupado, e não descuidado.
Ser amoroso, e não apegado.
Ser pacífico, e não passivo.
Ser disciplinada, e não rígido.
Ser flexível, e não frouxo.
Ser comunicativo, e não exagerado.
Ser obediente, e não cego.
Ser doce, e não melado.
Ser maleável, e não tolo.
Ser determinado, e não teimoso.
Ser corajoso, e não agressivo.
Ser introspectivo, e não enclausurado."

BRILHE 29

Usando apenas os símbolos das operações usadas em matemática, brm como os seus outros conceitos, você poderá tornar as seguintes representações numéricas iguais ao 6?

0	0	0	=	6
1	1	1	=	6
2	2	2	=	6
3	3	3	=	6
4	4	4	=	6
5	5	5	=	6
6	6	6	=	6
7	7	7	=	6
8	8	8	=	6
9	9	9	=	6

Se você deseja ser um especialista ***S8***, terá que se acostumar a fazer uma introspecção **periódica** do que já realizou ou ao que se habituou, e procurar regularmente alterar essa situação, **naturalmente com o intuito de melhorá-la**, o que o levará a girar sua **roda da melhoria** e para isso vai voltar a primeira etapa – a **iniciativa para promover um novo processo de aprimoramento**.

O especialista ***S8***, é alguém que está obcecada para fazer o 8º passo, ou seja, realizar a **introspecção**, que na realidade significa verificar se já não é o **momento da renovação**. Há várias maneiras para estimular a **renovação** no trabalho ou na sua vida privada e uma delas é constantemente responder de forma diferente a pergunta: "**Quando foi a última vez que você fez algo pela primeira vez?**"

Entre os sinônimos para a palavra introspecção temos: meditação, ponderação, consideração e concentração. Mas a **introspecção** é no fundo uma análise íntima que uma pessoa deve fazer sobre si mesma, particularmente como está a sua carreira. É um exame profundo sobre as próprias experiências e sobre as mudanças que estão ocorrendo no entorno de si próprio, nesses mundos VICA e FANI (veja o livro 1), e pós-pandemia da *Covid-19*.

Pode-se **encarar a mudança** de uma forma negativa, como sendo algo que elimina, extingue, esconde ou evita a **verdade**, o que desaponta, amedronta e diminui o ânimo de uma pessoa. Mas todo aquele que quer **empreender em si mesmo**, ou seja, alavancar a sua carreira, ao fazer a **introspecção** para perceber as mudanças que estão ocorrendo, deve analisá-las como uma maneira para conseguir o seu refinamento, enxergar suas oportunidades e mover-se, para aproveitá-las.

Enfim, quem faz introspecção, o seu objetivo é descobrir o que fazer de novo para não parar de evoluir. E nesse sentido será muito útil a introspecção sobre a maneira como você **trabalha (e vive)** e **se isto lhe traz ainda satisfação**!!! Na realidade, cada situação de trabalho é construída de quatro condições ou características:

1ª) **Fazer bem.** São as suas competências que lhe possibilitam executar bem o seu trabalho. **Falta-lhe alguma coisa agora?**

2ª) **Remuneração satisfatória. Você está insatisfeito com o que ganha?** Em que setor os empregos ou o trabalho é mais bem remunerado para você?

3ª) **Aprender no trabalho.** Efetivamente é horrível passar a vida trabalhando num lugar onde a oportunidade para adquirir conhecimentos novos é quase **nula**. Nesse caso, naturalmente esse trabalho se torna rotineiro e degenerativo com a passar do tempo!!! **É possível você mudar de emprego?**

4ª) **Adorar o que faz.** É vital ter emoção, paixão, amar a sua profissão e a sua carreira. **Você não ama mais o que faz?**

Pode-se dizer que existem **cinco estratégias** que cada pessoa pode usar para **reformatar** significativamente o seu trabalho no sentido de conseguir um maior equilíbrio entre as quatro condições citadas há pouco:

1ª) Fazer **melhor** alguma coisa (acumular novas habilidades).

2ª) Dedicar **menos tempo** a alguma coisa (eliminar certos desperdícios...)

3ª) **Parar** de fazer algo (deixar de atender certos convites...)

4ª) Iniciar a fazer **algo novo** (numa área bem diferente)

5ª) Fazer alguma coisa de **maneira totalmente diferente** (as TDs têm permitido isso).

Em certos intervalos de tempo, **precisamos ficar num local calmo**, para efetivar um exame interior a respeito da nossa vida, das coisas que estamos fazendo, para onde estamos caminhando, enfim elaborar uma análise dos próprios pensamentos e sentimentos, isto é, fazer uma **eficaz introspecção** do estado atual em que se encontramos!!!

Ao fazer essa introspecção o ***S8*** precisa, entretanto, vencer um desafio crucial, que não é mais como saber e aprender mais, mas o de **esquecer** e **desaprender** algumas coisas (as vezes muitas...) para poder aceitar, conhecer, fazer e ter coisas novas, usar novos processos, enfim novos maneiras de **trabalhar** e **viver**!!!

Na realidade após uma introspecção volta-se naturalmente a **iniciativa**, pois ela acaba sendo o seguinte ciclo:

I) Rever o que se está fazendo;

II) Rever como está sendo feito.

III) Aceitar que é a pessoa certa para fazer esse trabalho.

IV) Tomar a iniciativa de executar o seu trabalho de maneira melhor, recorrendo inclusive a ajuda dos outros.

Bem, confie na "**fórmula**" dos **8Is** para conseguir de forma efetiva empreender em si mesmo – incrementando dessa forma a sua **trabalhabilidade** – e dessa maneira poder de fato sentir-se com alguém admirado e invejado pela sua competência, sendo uma inspiração para aqueles que querem atingir o patamar de um profissional considerado **inventivo**, **imprescindível**, **insubstituível** e **insuperável**!!!

CAPÍTULO 8

COMO É POSSÍVEL PREVALECER?

Ao se chegar ao final dessa exposição sobre como uma pessoa deve agir para se tornar um **profissional de sucesso** – e garantir sua **trabalhabilidade / empregabilidade**, agora e no futuro –, resumirei tudo o que foi descrito nos três livros numa única palavra: **PREVALECER** – cujo significado é "**exceder em importância, predominar, preponderar ou levar vantagem sobre os outros**".

Mas por que prevalecer? Na realidade esse vocábulo foi cuidadosamente escolhido por ser o acrônimo (!?!?) formado pelas iniciais do conjunto de palavras que realmente importam: **p**aixão, **r**ealismo, **é**tica, **v**isão, **a**titude, **l**iderança, **e**ntusiasmo, **c**oragem, **e**moção e **r**acionalidade.

Portanto, PREVALECER implica em ser um indivíduo dotado de todas essas características – ou atributos –, e capaz de desenvolver suas ações devidamente fundamentadas nessas convicções, o que sem dúvida lhe dará as condições necessárias para se sobressair tanto no mercado de trabalho quanto em sua vida pessoal.

BRILHE 30

Quem estiver sonhando acordado é porque está com alucinação?

Inicialmente deve-se destacar que um propósito importante dos sonhos estranhos é que eles ajudam o nosso cérebro a entender as experiências do cotidiano de maneira que possibilita um aprendizado mais profundo!?!? De uma forma geral, quando sonhamos, o nosso cérebro tenta resolver os problemas que nos ocuparam o dia.

Dormir pode ser a solução para um problema que não conseguimos resolver. Além disso, um sonho pode ser um reflexo fiel ou, na maioria dos casos, **simbólico** do que ocupa a nossa mente, de nossos medos e de nossos desejos.

Segundo a teoria freudiana, os **sonhos** revelam *insights* sobre desejos e emoções ocultas. Outras teorias proeminentes sugerem que os **sonhos** auxiliam na formação da memória, na solução de problemas ou simplesmente são um produto da ativação cerebral aleatória.

Obviamente um sonho é muito diferente de uma **alucinação**. A alucinação é algo perceptível sensorialmente e surge para uma pessoa desperta. Ela tem tudo a ver com doidice, maluquice, absurdez, insanidade, delírio etc., e, ainda assim, há alguns que acham que se trata de um **sinônimo** de **sonho**!?!?

A alucinação, em especial a provocada pela ingestão de alguma bebida alcoólica, se desenvolve quando a percepção de uma pessoa identifica situações que não existem como parte da realidade. E foi isso o que **aconteceu** no caso da adega!!!

"Havia 12 garrafas de *whisky* numa adega e eu tinha sido encarregado de despejar o conteúdo de todas elas na pia, pois a bebida era falsificada e não valia a pena guardá-la!?!? Comecei então a executar aquela desagradável tarefa, que na realidade eu considerava um verdadeiro desperdício.

Tirei a rolha da primeira garrafa e despejei o seu conteúdo na pia, exceto por um copo que, evidentemente, eu bebi. Peguei a segunda garrafa, removi a rolha, despejei quase todo o conteúdo na pia e, mais uma vez, bebi um copo. Em seguida, tirei a rolha da terceira garrafa e verti o adorável líquido na pia, com a ressalva de um copo, que obviamente bebi.

E eu continuei com aquela já não tão desagradável tarefa, tirando outra garrafa da outra rolha e bebendo uma pia da mesma, depois de despejar o resto no copo. Em seguida eu extraí a rolha da próxima garrafa na minha garganta, despejei a pia no conteúdo e bebi o copo. Depois arrolhei a pia com o copo, engarrafei o líquido e bebi o derramado.

Enfim, quando tudo estava vazio, firmei a casa com uma das mãos, contei as garrafas, as rolhas e os copos com a outra e achei vinte e nove. Para ter certeza, eu contei tudo de novo enquanto passavam por mim, e calculei sessenta e oito. Quando a casa deu outra volta eu consegui finalmente contar todas as casas, garrafas, rolhas e copos, com exceção de um casa e uma garrafa que eu devo ter bebido."

Deu para entender o que é uma alucinação? Ótimo!!!

Mas voltando ao que é o sonho, pode-se dizer que ele possui significados diferentes sob a ótica da ciência, da religião e da cultura. Para a ciência, é uma experiência de imaginação do inconsciente durante o nosso período de sono. Em diversas tradições culturais e religiosas, o sonho aparece revestido de poderes premonitórios ou até mesmo de uma expansão da consciência. O fato é que as pessoas **sonhadoras** têm sido alvo de muita zombaria.

Alguns sonhos até se realizam da noite para o dia, mas outros precisam de muita dedicação e coragem. Um sonho só se torna impossível quando deixamos de lutar por ele. Para mim, um **sonho** pode ser como uma vontade, uma ideia ou até mesmo um ideal, **estando você acordado**!!!

Acontece que ele vai permanecer apenas um sonho, ou seja, não se tornar realidade, se você ficar apenas no **campo da imaginação**, isto é, na esperança do tipo: "**Seria tão bom que isso acontecesse!!!**" Caso o seu sonho seja possuir as características ou habilidades PREVALECER, então será preciso que você transforme isso num **objetivo**, no qual **a realidade de hoje tenha sido o sonho de ontem, e o sonho de hoje represente a necessidade de amanhã!!!**

E agora para a se aprofundar no tópico sonhos, responda as seguintes perguntas:

I. Por que os sonhos, mesmo nem sempre sendo assustadores, costumam ser absurdos?

II. Dá para acordar e depois continuar no mesmo sonho?

III. Por que quase nunca morremos no sonho?

IV. É possível escolher um tipo determinado de sonho?

V. Há quem sonhe em preto e branco?

Vejamos a seguir uma descrição mais detalhada do que cada uma das palavras que levam ao acrônimo PREVALECER significa:

- **Paixão** – Entende-se por paixão o ânimo favorável (ou desfavorável) em relação a alguma coisa. Esse sentimento é capaz de superar os limites da razão!!! Portanto, podemos interpretar esse termo como o vívido interesse por um **ideal**, uma **causa** ou **atividade**.

  Vulgarmente utilizada para exprimir um desejo sexual, essa palavra descreve um sentimento intenso, e representa o primeiro passo rumo a um objetivo. Ela nos permite **tornar possível** o que é **impossível**!?!? Praticamente todos os empreendedores dizem que: "Se eu tivesse que escolher uma força motriz em minha vida, escolheria sempre a paixão"!?!?

Em seu livro *Economia da Paixão* (DVS Editora), o professor Marcelo Pimenta afirmou que vivemos atualmente uma quarta onda, comandada pela **paixão**!!! Ele afirma que, para prevalecer como empreendedor (e criar trabalhabilidade...), o indivíduo precisa responder às seguintes perguntas:

- Qual é a paixão que move você?
- Como as emoções intrínsecas a essa paixão se traduzem no seu propósito e conjunto de valores?
- Como esse propósito e esse conjunto de valores são entregues nos produtos/serviços que você oferece?
- Quais são os sentimentos despertados pela sua oferta?
- Estariam esses sentimentos relacionados à essência das emoções que a sua paixão representa para você?

BRILHE 31

Prezado(a) leitor(a), veja se concorda com o fato de que, com os comportamentos ou as declarações a seguir **não é possível** PREVALECER? Pelo menos, como se sugeriu que se deve comportar alguém que deseja alcançar o **sucesso**, sem bajular ou esmagar os outros!!!

a)

b)

"Em lugar de bônus anual, vocês vão ganhar um manual corta-custos, no qual se ensina como economizar nas despesas."

c)

"... e mais que tudo, agradeço ao meu agente que subornou o júri."

d)

"É assim que funciona o sistema."

e)

"Como você pode ver, seu trabalho como vice-presidente está bem definido."

f)

"Aumento eu não posso dar, mas se vocês quiserem dou-lhes um autógrafo no meu livro: ***Como Incentivar os Empregados.***"

g)

"Como rir é o melhor remédio, sou seu novo terapeuta alternativo."

h)

"Não estamos mais tratando pessoas como números, senhor XYZ."

- **Realismo** – Essa palavra possui vários significados nos mais diversos campos de estudo, como filosofia, artes plásticas, literatura, estética, etc., podendo também ser associada a um sistema político. O realismo representou um pensamento artístico e literário originário da França, nas últimas décadas do século XIX.

  Ele se expandiu por toda a Europa e por outros continentes, como uma reação ao **romantismo**, cuja artificialidade se tornou profundamente repudiada pelos realistas. Ele sentiam a necessidade de retratar a vida, os problemas e os costumes das classes média e baixa, e, por conta disso, já não mais se inspiravam nos modelos do passado.

  Esse movimento se manifestou principalmente na pintura e na escultura, e em alguns aspectos sociais. Assim, em 1888, foi exibida pela primeira vez a escultura mais conhecida do mundo, *O Pensador*, de autoria do francês Auguste Rodin (1840-1917), um excelente exemplo de obras do realismo. Teve assim início um movimento para equipar as cidades com escolas, hospitais, bibliotecas, fábricas e melhores moradias, tanto para a burguesia como para os operários.

  Entretanto, o significado de **realismo** que adotaremos aqui é de simplesmente a característica do que é "**real**" ou "**verdadeiro**". Nesse caso, realista é a pessoa que se dá conta da realidade e a avalia com justiça e objetividade. Um profissional **realista** é aquele que mantém os pés no chão e não estabelece falsas expectativas, mas procura estar sempre bem atualizado em relação a novas tecnologias, que serão vitais para o progresso de sua empresa – em especial no caso de querer criar uma *startup*.

  Para que o (a) leitor (a) possa estabelecer seus critérios sobre o significado de **realismo**, e a importância da **realidade**, veja o que declararam algumas pessoas notáveis sobre esse tema:

- Augusto Branco, nome artístico do poeta e escritor brasileiro Nazareno Vieira de Souza: "Que um mundo de vilezas e desigualdades seja uma realidade aceitável e presente, e que um mundo justo e fraterno seja uma realidade distante e utópica, isto é, o maior atestado da incompetência, do egoísmo, da fraqueza e da mísera evolução humana."
- Eugen Bertholt Friedrich Brecht (1858-1956), destacado dramaturgo, poeta e encenador alemão: "Apenas quando somos instruídos pela realidade é que podemos mudá-la."

- Leandro Menzen, um músico brasileiro: "Se eu sonhar mais, menos me importarei com a realidade. Se eu ouvir mais, me tornarei mais inteligente. Se eu falar menos, respeitarei mais. Se eu amar mais, ficarei mais feliz. Se eu brigar menos, estarei me sentindo melhor."
- Joaquim Maria Machado de Assis (1839-1908), escritor brasileiro que acompanhou o movimento do realismo, e considerado como o maior nome da literatura brasileira: "É melhor, muito melhor, contentar-se com a realidade; se ela não é tão brilhante como os sonhos, tem pelo menos a vantagem de existir."
- Yoko Ono Lennon, ativista, cantora, compositora, cineasta e artista plástica vanguardista japonesa: "Um sonho sozinho é um sonho. Um sonho sonhado juntos é realidade."
- Kurt Donald Cobain (1967-1994), cantor, compositor e músico norte-americano: "Aquele que sabe viver, dedica um dia ao sonho e outro à realidade."
- Michael Joseph Jackson (1958-2009), cantor, compositor e dançarino norte-americano que se tornou um dos ícones culturais mais importantes e influentes de todos os tempos: "Você pode sempre sonhar, e seus sonhos se poderão se tornar realidade, mas isso cabe a você realizar!!!"
- E por fim a afirmação de um desconhecido: "O pessimista reclama do vento, o otimista espera que ele mude, o realista ajusta as velas."

Um fato, porém, é indiscutível: muitos sonhos nos fazem sorrir, já a realidade é **sisuda**, pelo menos na maior parte do tempo. Precisamos, portanto, agir com bastante cuidado e discernimento para que os nossos sonhos se tornem realidade, e não **delírio**. Conhecer a nós mesmos de verdade é o que permitirá nos harmonizarmos, ou seja, entrar em certo equilíbrio com a realidade, deixando apenas de viajar num oceano de sonhos, com naufrágio garantido na ilha dos Martírios.

Mas a verdade é que estamos vivendo num mundo extremamente mutável, no qual a cada dia fica mais perigoso dizer o que é **impossível de acontecer**, pois a fantasia de ontem tem se tornado a **esperança de hoje** e possivelmente a **realidade de amanhã**!?!?

Existe ainda o mito de que **tempo é dinheiro**, porém, tempo é **bem mais precioso** que dinheiro. Tempo é um recurso **não renovável**, portanto, uma vez que você o tenha desperdiçado, não poderá recuperá-lo... É por essa razão que o profissional realista não se preocupa com a distância entre seus sonhos e a realidade. **Ele não perde tempo, e acredita piamente que se for possível sonhar com algo, também será possível realizá-lo!!!**

BRILHE 32

Convicção significa uma **opinião obstinada** sobre alguma coisa, embora o **certo**, pelo menos em teoria, não precisasse de convencimento, uma vez que **este** surge através de atitudes que acrescentam, de gestos que tocam e de palavras que despertam.

Obviamente, a maior tristeza do convencimento é a **decepção**, quando se descobre que o que tanto se pensava não era a **realidade**!!! Aí vão dois relatos humorísticos sobre a capacidade de impor, de mandar e de submeter os outros por meio do convencimento e algumas ilustrações sobre **convencimento escancarado**....

1. **O alerta aterrador!**

Um velho fazendeiro tinha um bonito lago na sua enorme fazenda. Depois de muito tempo sem ir ao local, decidiu dar uma olhada geral para ver se estava tudo em ordem. Pegou um balde para aproveitar o passeio e trazer umas frutas. Ao aproximar-se do lago, escutou vozes femininas, animadas, divertindo-se. Chegando mais perto ele avistou um grupo de lindas jovens banhando-se completamente nuas. Ele apareceu e, com isso, todas fugiram para a parte mais funda do lago, mantendo somente a cabeça fora d'água. Uma das mulheres gritou:

— Não sairemos enquanto o senhor não for para bem longe!

E o velho respondeu:

— Eu não vim até aqui para ver vocês nadando ou saindo nuas do lago! – E levantando o balde, explicou: — Eu só vim dar comida para o jacaré...

2. Convencimento total

Você sabe que meia meia meia (666) é o número do **capeta**! Pois aqui vai uma de como o próprio... Satanás não aguentava mais ter que aturar Karl Marx no inferno. Era o tempo todo aquela lenga-lenga de diabos exploradores contra diabos explorados. E do que estava escrito no *O Capital*, sobre a luta de classes, o Demo já não conseguia mais digerir...

Ele resolve, então, ligar para o céu e pedir para Deus ficar um pouco com o Marx por lá. Deus topa. Passam alguns dias, Satanás liga novamente para saber como vão as coisas. Quem atende é são Benedito.

— Alô, são Benedito? Aqui é Satanás. Me chama o são Pedro aí para me informar como é que Deus está se virando com o Marx no céu.

— Em primeiro lugar, caro Satanás, me chame camarada Benedito. Em segundo, o camarada Pedro está em greve. **E em terceiro, Deus não existe**!

a) "Que tipo de arte é essa?"

b) "Quem disse que esse jogo é viável?"

c) “Estou convencido de que nenhum óculos serve para você!!!”

d) “Veja que aqui na nossa universidade nós conseguimos explicar qualquer coisa matematicamente.

– Mas eu só precisava de um ‘sim’ ou ‘não’.”

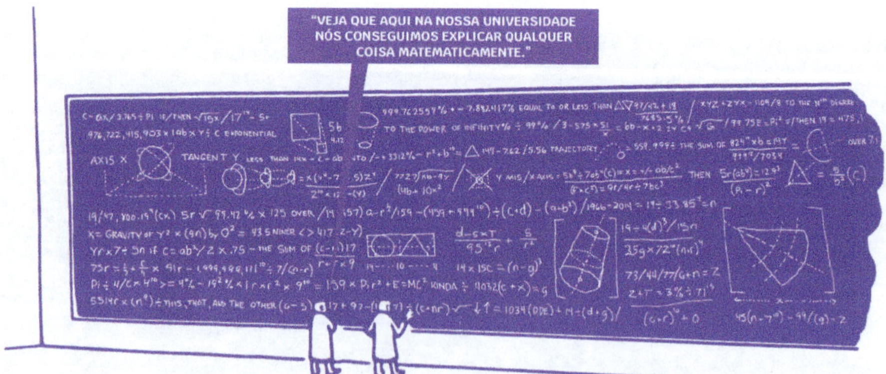

e) "Não podemos deixar de atender os seus desejos."

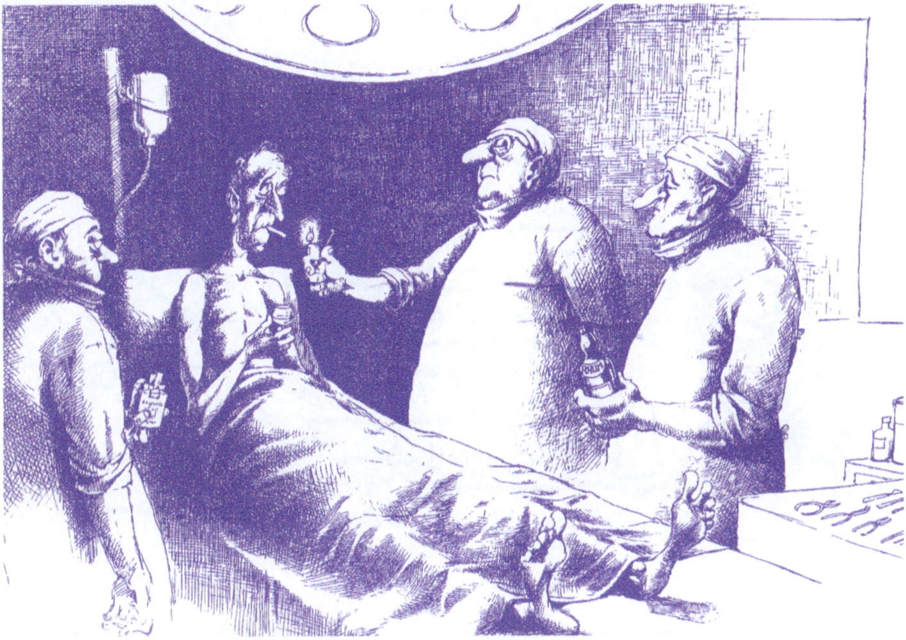

f) "Certo, então me parece que temos cinco a favor e um contra."

g) “Apesar de não fazer nada do que ela pediu, e de ler o jornal longe dela, ele está convencido de que adora a mulher!!!”

- **Ética** – A palavra ética vem do grego *ethos*, e significa “caráter” ou “costume”. Trata-se de um conjunto de **padrões** e **valores** (princípios e qualidades intrinsicamente desejáveis que constroem o pensamento e o comportamento) **morais** de um grupo ou de uma pessoa.

  A ética é uma filosofia e não uma ciência. Aliás, pode-se também pensar que o termo “**ética**” teve origem na palavra grega *ethiké*, que é uma parte da filosofia que se dedica a entender e buscar aquilo que é **moralmente correto**. Assim a filosofia no campo da ética investiga a **consciência moral** analisando concepções como **dever**, **responsabilidade** e **vontade**.

  Ela se ocupa dessas concepções pois toda pessoa que deseja agir corretamente é constantemente chamada a responder perguntas do tipo: “Que ação particular minha atenderá os critérios de justiça sobre tais e tais circunstâncias?” ou simplesmente: “O que devo fazer nesse caso?” Infelizmente os seres humanos dão respostas bem diferentes para problemas morais que parecem ser **bem semelhantes**!?!?

O incrível pensador Mário Sérgio Cortella é o autor da seguinte frase: "Ética é o conjunto de princípios que devíamos usar para responder três grandes questões da vida: '**Quero?**', '**Devo?**', e '**Posso?**' Nem tudo o que eu quero eu posso, nem tudo o que eu posso eu devo; e nem tudo o que eu devo, eu quero. Você só tem paz de espírito quando aquilo que você **quer** é, ao mesmo tempo, o que você **pode** e o que você **deve**."

As pessoas geralmente caracterizam a própria conduta, e a de outras pessoas, empregando adjetivos como "bom", "mau", "certo" e "errado". É a ética que investiga justamente o significado e o escopo desses adjetivos (e de outros...) que são dados ao comportamento humano.

Para mim nesse estágio do livro, é importante destacar a **ética profissional** que é estruturada como sendo um conjunto de parâmetros que guiam as atitudes corretas e honestas em uma profissão ou de uma empresa.

Para facilitar que tais preceitos sejam seguidos, cada tipo de profissão conta com seus códigos e ética, da mesma forma que toda a empesa deve ter o seu!!! Na Medicina, por exemplo, o código de ética diz que o profissional da saúde deve estar: "A serviço do ser humano e da coletividade e exercer sua profissão sem discriminação de nenhuma natureza."

Já para os atuais **conteudistas** (incluindo-se aí os jornalistas que escrevem para os jornais cujo número vem diminuindo significativamente...) que disponibilizam as suas mensagens especialmente nas **redes sociais**, eles deveriam seguir o seguinte código de ética: "A divulgação da informação, precisa e correta é dever de todos os meios de divulgação pública." Infelizmente muitas pessoas que divulgam textos sobre os mais variados assuntos não estão seguindo a ética, e estamos inundados pelas *fake news*.

As empresas também se afastaram bastante de muitas "**leis éticas**", como na **robótica**, por exemplo, que prega que "um robô jamais dever ser projetado para machucar pessoas ou lhe fazer mal." Outro exemplo é no campo da **programação**, segundo a qual: "Nunca se deve criar *softwares* (programas) que prejudiquem as pessoas, roubando seus empregos ou espionando as mesmas."

Isso tudo não está sendo respeitado pelas empresas que lançam cada vez mais robôs e principalmente desenvolvem com grande intensidade novos algoritmos de IA que estão substituindo os seres humanos em seus empregos, ameaçando seriamente sua sobrevivência.

Na biologia estamos correndo um risco incrível quando o assunto é **clonagem**, um tópico, aliás, bastante polêmico. Apesar de a ética restringir essa prática só para plantas e animais, ela poderá incluir seres humanos!?!? Hoje prevalece ainda o entendimento de que a ciência pode – e deve – avançar, mas **não utilizando** as pessoas em suas experiências, **não é mesmo**?

A ética é indispensável ao profissional porque na ação humana o "**fazer**" e o "**agir**" estão interligados. O fazer diz respeito à competência, à eficiência que todo profissional deve possuir para exercer bem sua profissão. O agir, em contrapartida, se refere à conduta do profissional, ao conjunto de atitudes no desempenho de sua profissão.

Seja qual for o estilo do profissional que trabalha numa empresa, seja ele um empreendedor ou um *freelancer*, suas atitudes devem ser pautadas pela ética e por valores a ela associados, como a honestidade, a transparência e a integridade. Dissociada da ética, a liderança (que será exaltada mais à frente...) que esse profissional deve ter (ou querer...) pode exibir um lado bem sombrio.

Quando ao invés de colocar a ética a serviço de seu próprio crescimento, da empresa em que trabalha e dos seus colaboradores, da sociedade e do País, o profissional começa a recorrer a artimanhas escusas, com a desculpa de que os fins justificam os meios, ele certamente acabará granjeando a forma de **antiético**, isto é, uma **reputação deplorável**!!!

Há muitas atitudes de um profissional que podem se caracterizar como **antiéticas**, especialmente qualquer comportamento que implique no abuso de sua autoridade pessoal. E o profissional antiético pode até obter algumas vantagens pessoais, porém, isso será provavelmente por pouco tempo...

BRILHE 33

Nos meus três livros sobre *Trabalhabilidade* naturalmente recomendei ao (a) leitor (a) que se **adaptasse**, se **agilizasse** e se **aperfeiçoasse**, com o objetivo de PEVALECER. A ideia não é – e nunca foi – ajudá-lo (a) a se tornar extremamente competente na arte da **manipulação!!!**

Para explicar de forma concreta o que vem a ser um manipulador recorrerei a alguém que se tornou famoso nessa prática. Refiro-me a Grigori Yefimavish Rasputin (1869-1916), que segundo os russos foi um curandeiro, visionário e profeta místico, considerado por alguns até mesmo como um santo – apesar do seu comportamento dissoluto, licencioso e devasso, e da comprovada participação em orgias sexuais, com o envolvimento de mulheres da alta sociedade russa!?!?

Um fato, porém, é inquestionável: ele exerceu uma grande influência manipuladora sobre o czar Nicolau II e a imperatriz Alexandra. Analise as seis ilustrações na sequência e escolha aquela em que parece evidente que alguém **está conseguindo escapar da manipulação**.

a)

b)

c)

d)

e)

f)

Não faltam listas elencando as características que definem um **excelente profissional**. Com uma ou outra variação essas listas costumam destacar atributos ou qualidades como ousadia, criatividade, determinação, persistência, visão, entusiasmo, coragem, disciplina etc., várias delas no **PREVALECER**.

Mas é a **ética** que deveria encabeçar essa lista!!! O grave problema é que todas essas características (ou habilidades) podem ser usadas para o **bem** e também para o **mal**!?!? Ou seja, valer-se da criatividade para encontrar novas formas para executar fraudes; exibir a determinação para levar sempre vantagem sobre os outros; tirar proveito de tudo e de todos, de forma persistente; demonstrar ousadia ou muita coragem para "passar a perna" nos outros etc.

Com isso, entretanto, constrói-se uma MP extremamente negativa e, possivelmente, poucas pessoas vão querer ter relação com um profissional antiético. É a ética profissional que permite subir na carreira sem precisar pisar ou maltratar outras pessoas.

Por meio da ética, uma pessoa granjeia a **reputação** como profissional justo, correto e competente. Pois é, não seja também aquele profissional que age eticamente só quando está sendo **observado**, mas ao contrário, que sempre se comporta de acordo com a ética devido ao seu excelente caráter, sem precisar que alguém esteja **vigiando-o**!!!

OI

Quem gosta de humor precisa conhecer algumas datas solenes, sendo que uma delas é 10 de dezembro – o **Dia do Palhaço**. Nele, mais do que em qualquer outro, devia haver muita brincadeira, participação em situações inesperadas, improvisos e muitas risadas.

Outra data que não se pode esquecer jamais é **1º de abril** – também chamado de "dia dos tolos" ou "dos bobos" –, consagrado como o dia de se contar grandes **mentiras**, que, no final das contas, também levam a muitas gargalhadas, principalmente em relação àqueles que "caíram" nas histórias.

Hoje, entretanto, com a intensa conectividade possibilitada pela era digital, quando circulam diariamente inúmeras *fake news* ("notícias falsas"), a data perdeu sua **relevância**, apesar de a tradição ainda persistir!?!? Até bem poucos anos atrás, todos se deliciavam "**pregando um trote**" no dia 1º de abril, com os adultos transmitindo absurdos e a imprensa colaborando, em certa medida... Assim, até as crianças inventavam inocentes brincadeiras.

No Brasil, entretanto, o trote lúdico destinado a diversão – que também possuía um aspecto didático quando da descoberta do absurdo – tem desaparecido nos últimos anos. No lugar dele instalou-se o **engano** e a **mentira**, particularmente entre os politiqueiros, hoje empoleirados em vários níveis do governo e nos partidos políticos. É verdade que parece que muitas pessoas perceberam que quem fala muito sobre algum assunto, corriqueiramente acaba mentindo, isto porque acaba esgotando o seu estoque de verdades!!!

Gregory Hartley e Maryann Karinch, em seu livro *Por Que as Pessoas Mentem – Como Identificar Rapidamente Quando Alguém Está Mentindo* – fornecem as ferramentas que permitem descobrir o que de fato está acontecendo, para que as pessoas mintam descaradamente, seja para levar vantagem em alguma negociação salarial, para terminar alguma relação pessoal ou no trabalho, ou inclusive quando buscam convencer os outros sobre suas ideias ou projetos.

Praticamente todas as pessoas deveriam ler e meditar a respeito das explicações fornecidas por Hartley e Karinch sobre os motivos que levam os outros a contar algumas "**inverdades**", pois isso inclusive permitirá que os próprios leitores também sejam um tanto quanto inescrutáveis, seja nos negócios, na vida privada ou até mesmo numa mesa de pôquer.

Marina Lobo, em seu livro *Por que as Pessoas Mentem? – As Verdades sobre a Mentira*, destacou também que as mentiras surgem pelo fato de as pessoas possuírem **complexo de inferioridade**, **insegurança** e não se **conhecem direito**. Muitas vezes o ato de mentir é um misto de distorção profissional e patologia, sendo que um bom exemplo disso se nota nos políticos de todas as nações!!!

Aliás, os especialistas em psiquiatria costumam destacar quatro principais tipos de mentirosos, que têm na **política** sua atividade central:

- O **dissimulado** – É o que mente para alcançar objetivos imediatos. Faz promessas grandiosas nas campanhas eleitorais, mesmo sabendo que jamais poderá cumpri-las.
- O **narcisista** – É aquele que conta mentiras mesmo depois de eleito. Infla seus atributos pessoais e supervaloriza seus

feitos – em especial os administrativos – pelo simples prazer de ser admirado.

- O **incurável** – É o que vive roubando dinheiro púbico, porém insiste em dizer que é honesto. Acha que está acima das leis e que merece um reconhecimento incondicional do público, especialmente dos eleitores.
- O **delirante** – Divulga para todos, em especial para as suas bases, que é uma das personalidades mais influentes no partido, quando na realidade não está nem no 2º escalão... Como vive numa fantasia, nem ele próprio tem consciência de sua mentira!?!?

Durante quase 20 anos da minha vida, estive envolvido com a formação de gestores municipais (mais de 5.000 pessoas), num curso de pós-graduação chamado Gerente de Cidade (*City Manager*), cujo objetivo era ensiná-los a se comportarem em seu cargo. E numa das aulas abordava-se um tópico bem interessante: "... políticos que exageravam não só no seu *marketing*, mas também nas mentiras que diziam..."

Naturalmente, se no lugar do **setor público** tivermos o **setor privado**, também se poderá observar a ação dos quatro tipos principais de mentirosos (bem como outros mais....), que estão entre os que trabalham em suas empresas, **não é?** E para que você possa PREVALECER, deverá ter uma *expertise*, por mínima que seja, para saber lidar no seu trabalho com os mentirosos ao seu redor...

- **Visão** – Isto significa que se deve desenvolver a habilidade de enxergar mais longe que os outros... Na realidade o futuro pertence àqueles que enxergam oportunidades e possibilidades antes que elas se tornem óbvias para todos o por isso que são chamados de **visionários**. Alguns dos principais sinônimos de visionário são: idealista, iluminado, sonhador, devaneador, utópico e futurista.

  O **oposto** do visionário é o **pragmático**, que é aquele que se baseia apenas naquilo que é conhecido, básico, costumeiro e que **não foge nunca** do conjunto de regras e formalidades estabelecido. É muito difícil para um profissional sobreviver nesses tempos de mundos VICA e FANI, além dos NNs, sendo pragmático, o que infelizmente é o que ainda se ensina em muitas das nossas IESs...

Um profissional descrito como visionário se forma conhecido pelo seu comportamento e pensamento sonhador, criativo e inventivo, isto porque expõe ideias não convencionais (por vezes sendo até extremamente extravagantes e incomuns) e que quebram os padrões (paradigmas) já estabelecidos!!!

Para ser um profissional visionário é vital que ele se desenvolva especialmente na criatividade (ver o livro 2), o que lhe possibilitará, através de sua **inspiração** e **imaginação**, ter várias percepções diferentes sobre o que acontecerá no futuro!!!

OI

No mundo real, uma pessoa que tem uma **visão 360°** é alguém com a capacidade de **ver tudo a sua volta** (!?!?), sem pontos cegos!!! Numa empresa, um profissional com visão 360º é aquele que fez vários giros completos na mesma para visualizar e compreender tudo o que acontece nela, para ter um conhecimento correto do que ocorre nos seus diversos níveis organizacionais, ou seja, é um profissional que tem uma **visão sistêmica** dela.

Este tipo de profissional se tornou muito valorizado!!! O livro de Célio Antunes, com o título *Carreira 360 Graus – Como Planejar, Estruturar e Empreender uma Carreira Vencedora* é muito interessante para todo aquele que deseja construir a **visão do ciclo completo** que lhe permita evoluir muito na sua carreira, estando sempre aberto para atender às suas novas demandas.

Essencialmente, uma **visão** – como aliás estruturam algumas empresas declarando também seus valores e sua missão – é uma **viagem mental** do conhecido para o desconhecido, criando um futuro a partir de uma montagem de fatos, anseios, esperanças, riscos e oportunidades do presente. Devido a amplitude e os desafios refletidos na visão, ela tende a deixar os leigos bem **temerosos**, **céticos** e **ansiosos**.

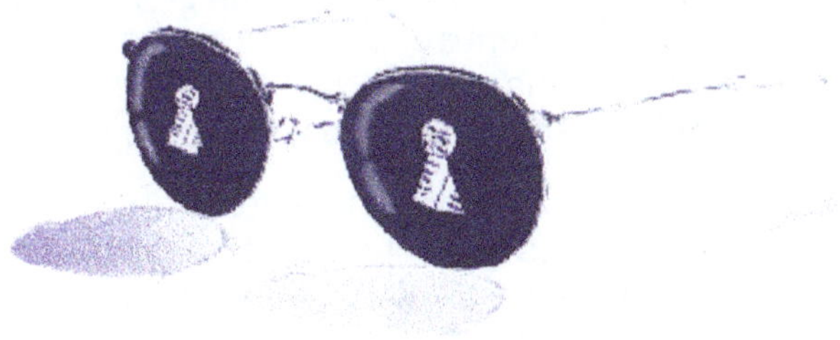

"Você tem algum problema de visão?"

Para ter uma visão adequada, use aqueles "óculos" que lhe permitem enxergar bem não só o que está ocorrendo ao seu redor, mas no mundo todo!!!

O **profissional do futuro**, em seu papel de líder, precisa saber atrair as pessoas capazes de ajudá-lo a realizar essa visão, adotando-a também como sua e compartilhando a responsabilidade de atingi-la. Talvez o principal objetivo de uma visão seja dar ao trabalho um conteúdo significativo e, com isso, gerar motivação e envolvimento entre todas as pessoas de uma organização.

Obviamente o propósito de se estabelecer uma visão é buscar o futuro para incorporá-lo ao presente, garantindo dessa forma a coerência e a continuidade na alocação de recursos de uma empresa no longo prazo. Aqui vale a pena repetir a famosa frase do poeta, desenhista, fabulista, romancista e matemático inglês Charles Lutwidge Dodgson (1832-1898), que se tornou conhecido pelo seu pseudônimo Lewis Carroll: "Se você não sabe para onde quer ir, qualquer caminho serve!"

Essa citação alerta a todos para o fato de que sem um propósito claro para o futuro, para um negócio (especialmente uma *startup*), você pode até dar alguns passos, mas **dificilmente** conseguirá ser bem-sucedido em seu mercado. Neste sentido, veja na sequência alguns exemplos de empresas brasileiras que estabeleceram uma **visão** e têm sido bem-sucedidas.

- **Cacau Show** – "Ser a maior e melhor rede de chocolates finos do mundo, oferecendo aos seus clientes e parceiros uma relação duradoura, com foco no crescimento, na rentabilidade e na responsabilidade socioambiental."
- **Vale** – "Ser a empresa de recursos naturais global número um em criação de valor de longo prazo, com excelência, paixão, pelas pessoas e pelo planeta."
- **O Boticário** – "Ser a empresa que melhor atende e satisfaz as necessidades de produto, serviço e autorrealização de seus clientes."

Como se nota por esses exemplos, a **visão** é essencial para guiar todas as ações de uma organização, estando diretamente relacionada ao seu planejamento estratégico e ao alcance efetivo de seus objetivos no futuro, mesmo que eles pareçam um tanto quanto **utópicos**, ou seja, **irrealizáveis**, e exijam a ruptura de alguns paradigmas!!!

Nesse caso não se pode esquecer do que disse o pesquisador independente e futurista norte-americano Joel Arthur Barker, que se tornou mundialmente conhecido como "**o homem dos paradigmas**". Ele disse: "Aqueles que dizem que algo não pode ser feito deveriam sair do caminho dos que estão fazendo." Posteriormente ele mesmo completou essa frase, enfatizando: "Uma **visão** sem **ação** não passa de um sonho. Ação sem visão é apenas um passatempo, porém, juntas, uma visão e uma ação podem mudar o mundo."

Apoiando-se nessa declaração de Joel A. Barker, acredito que o profissional do futuro é aquele que como sua "**fórmula**" de sucesso se vale ao mesmo tempo de **paixão**, **visão** e **ação**!!!

- **Atitude** – Uma pessoa de atitude, ou **atitudinal**, é aquela que evidencia claramente o seu comportamento no tocante ao que deve saber e em relação a algo, alguém ou a si própria. Assim, trata-se do modo de agir em – ou reagir a – uma determinada situação.

É vital que saibamos adotar a atitude correta diante dos obstáculos que surgem diante de nós ao longo de toda a vida, pois sem a atitude adequada, até mesmo pequenos problemas podem se tornar ainda mais graves, e até mesmo impossíveis de se enfrentar, o que com certeza acabará com a nossa paz... Preste, pois, bastante atenção à atitude das pessoas ao seu redor, para que não seja enganado pelo que elas lhe dizem.

Mas além de uma atitude correta ser imprescindível, sua adoção deve ocorrer com muita **agilidade** (ver livro 2), uma característica que, aliás, já é vista como fundamental para que os empreendedores sejam capazes de solucionar todos os conflitos que aparecem nas *startups* por eles criadas. Muitos deles destacam inclusive que, para atingir o sucesso, sempre procuraram seguir sua **visão**, **posicionar-se** adequadamente e promover as alterações necessárias com muita **agilidade**.

Parece que ele demorou muito para adotar as atitudes corretas, não é? Certamente o seu quociente de adversidade, isto é, sua capacidade de lidar com as adversidades é bem baixo!!! Não dá para PREVALECER comportando-se dessa maneira... É preciso se tornar decidologista, ou seja, alguém integralmente eficiente!!!

Já para a **resolução de conflitos**, a atitude do profissional gestor deve ser a de mesclar paciência, ponderação e, inclusive, certa "mansidão". Tudo isso deve, entretanto, ser combinado com a ousadia e, principalmente, a **agilidade** para poder eliminá-los. Uma **atitude ágil** significa a execução das negociações de forma simples e eficaz para se alcançar os resultados almejados no menor tempo possível.

- **Liderança – O que significa saber liderar e lidar com pessoas?**

Como líder você tem o **poder de influenciar pessoas**, e a partir daí poderá escolher fazê-lo de forma **negativa** ou **positiva**. Durante duas décadas, o famoso executivo norte-americano John Frances Welch Jr. (1935-2020), ou simplesmente Jack Welch, presidiu a General Electric (GE), uma empresa que continua até hoje a ser uma das maiores dos EUA.

Jack Welch, entre seus conselhos para se ter sucesso como líder, indicou vários pecados que não se pode cometer, como por exemplo o de agradar muito os outros e ser sempre complacente o tempo todo, pois isso indicará que se está estagnado e não se deseja sair da zona de conforto!?!?

Você não se comporta assim, **não é**?

E foi na própria GE que Jack Welch se aposentou em 2001, tornando-se posteriormente um escritor e palestrante muito requisitado, graças à reputação que conquistou ao ser classificado pela revista norte-americana *Fast Company* como "**o maior líder empresarial mundial**"!!!

Em seu livro *Paixão por Vencer* ele abordou o tema **liderança**, destacando o seguinte: "Antes de você se tornar um líder, o êxito tem tudo a ver com o crescimento pessoal. Então, quando uma pessoa se converte em líder, seu êxito está em fazer os demais crescerem!!!"

Para Jack Welch os verdadeiros líderes seguem as seguintes regras:

1ª) **Otimizam** continuamente suas equipes aproveitando cada contato com elas para avaliar, treinar e incentivar a autoconfiança das pessoas que lideram.

2ª) **Garantem** que os integrantes de suas equipes não somente "vejam", mas que "vivam" e "respirem" o objetivo a ser alcançado.

3ª) **Influenciam** o comportamento das pessoas, irradiando energia positiva e otimismo.

4ª) **Incentivam** a confiança porque são francos, transparentes e reconhecem devidamente os outros.

5ª) **Têm coragem** suficiente para tomar decisões impopulares e obedecer a seus instintos.

6ª) **Estimulam** e fazem descobertas por meio de uma curiosidade insaciável e procuram fazer com que as suas atitudes motivem ações.

7ª) **Inspiram**, pelo seu próprio exemplo, seus colaboradores a se arriscarem e a aprenderem continuamente.

8ª) **Comemoram** sempre as conquistas obtidas com a ajuda de outras pessoas para que elas se sintam vencedoras, criando um ambiente de reconhecimento e repleto de energia positiva.

BRILHE 34

Se você tivesse um líder ("chefe") com um aspecto próximo ao dos quatro retratados abaixo, que tipo de liderança estaria ele lhe "impondo"?

a)

b)

c)

d)

Num cenário de muita imprevisibilidade, adversidades e grandes desafios – como o que estamos vivenciando agora – mais do que nunca se tornou importante a **liderança** e a presença de pessoas que saibam comportar-se bem nesse contexto conturbado, atuando de maneira **positiva**, **resiliente** e **ágil**, e isso tanto no setor privado como no público. De fato, a **capacidade de liderar** vem sendo cada vez mais valorizada, em especial nas empresas privadas (!!!), podendo-se dizer que o **líder excepcional** é aquele que demonstra as seguintes qualidades:

1ª) **Ter estima as pessoas** – Exibir apreciação pelas pessoas que comanda, valorizando-as não apenas pelo que são, mas principalmente pelo que elas são capazes de fazer.

2º) **Comunicar-se de forma clara** – Manter uma comunicação interpessoal perfeita e demonstrar paixão ao fazê-lo. Esse ato é um elemento crucial quando se deseja maximizar o impacto em suas relações face a face.

3ª) **Gerenciar o tempo com maestria** – Estabelecer corretamente suas prioridades, identificado a necessidade de agir imediatamente, pois sabe que tal atitude é vital.

4ª) **Executar suas ações com perfeição** – Agir com base no seu conhecimento e suas aptidões.

5ª) **Apoiar o surgimento de novos talentos** – Educar seus colaboradores para que eles tenham competência para romper paradigmas e se tornarem "campeões" nos novos procedimentos.

6ª) **Saber ditar o ritmo** – Utilizar-se dos 3Ds (**disciplina**, **determinação** e **desejo**) para gerenciar seus colaboradores de forma eficaz.

7ª) **Incutir a integridade e o aprendizado na equipe** – Essas são provavelmente as duas atitudes mais importantes a serem exigidas de seus colaboradores.

8ª) **Criar uma estrutura de prioridades** – Buscar sempre uma resposta nova para a pergunta: "**Existe uma forma melhor de se fazer isso?**"

9ª) **Comunicar suas convicções** – Ser efetivo no compartilhamento de suas convicções, uma vez que elas estão apoiadas nos seguintes pilares: paixão, crença e propósito.

Guiar seus "seguidores" em tempos de turbulência – Somente assim eles conseguirão não apenas reagir, mas também fazer sugestões e comportar-se de maneira proativa no sentido de adequar-se rapidamente às mudanças.

Da ponta da mesa o líder diz aos participantes da reunião: "Caros integrantes do conselho, todos nós temos crenças e características amedrontadoras, como indicam as cadeiras nas quais estamos sentados. Nunca esqueçam, porém, que quem pode 'transformá-los' ou 'eliminá-los' sou eu, como indica a minha mortífera cadeira!!!"

Esse é o tipo de liderança que vai acabar mal, não acha?

Você acha que isso é uma verdadeira demonstração de liderança na Coreia do Norte, ou é uma clara e evidente exibição de submissão?

BRILHE 35

Quais são os "perigos" se você como **líder** for caracterizado como um desses animais: avestruz, canguru, elefante, papagaio, preguiça ou zebra. Veja a seguir algumas respostas sucintas:

a) **Lider avestruz** – Aquele que gosta de passar para os outros as suas obrigações, escondendo e preservando sempre a sua cabeça!!!

b) **Líder canguru** – Aquele senhor absoluto na arte de engavetar todas as solicitações e decisões.

c) **Líder elefante** – É o que não admite mudanças e acha que tudo deve ser feito como vem sendo feito há anos. Ele se baseia no "conhecimento enciclopédico" que adquiriu no passado.

d) **Líder papagaio** – Aquele que, apesar de simpático, passa o tempo todo divulgando e instituindo coisas sem importância e que não proporcionam nada de aproveitável para os outros. É só prosa...

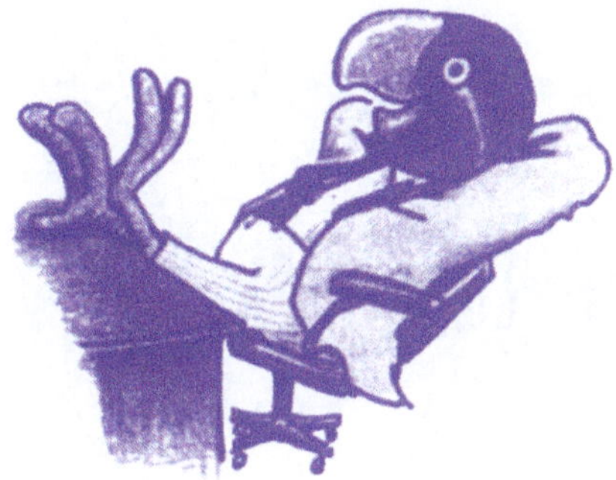

e) **Líder preguiça** – Caracteriza-se por sua atuação sonolenta e pouco criativa, o que torna os que devem "segui-lo" lerdos, relapsos e descuidados.

f) **Líder zebra** – É o que mesmo quando as coisas vão bem acaba achando defeitos e faz críticas, pois segue o lema: "Não existe nada completamente certo. Deve-se assim desconfiar de tudo!!!"

Você seria capaz de descrever mais alguns tipos de líderes com características semelhantes às de outros animais? É claro que todo líder deseja ser seguido, mas em muitas situações as pessoas não ficam bem convencidas disso, como se mostra na ilustração na sequência!?!?

Sem dúvida, uma visita ao "zoológico" é uma forma bem criativa de se definir outros tipos de **líderes**. Veja na sequência mais alguns exemplos:

Pantera – Quer resultados rápidos, assim como o controle de tudo desde o início. Dá várias ordens e se mostra impaciente com os atrasos. Não sabe ouvir!!!

Pavão – Valoriza o reconhecimento, é verboso e, às vezes, até loquaz. Porém, com frequência usa do humor de forma inadequada, precisando ter mais cuidado com o seu comportamento.

Golfinho – Aprecia a segurança e o bom relacionamento, mas muda muito de opinião. Não tem iniciativa e demora para tomar decisões.

Coruja – Admira os que são corretos, é explicito no tocante às suas decisões, não tolera falhas no trabalho e tem ares de professor ao exibir sua intelectualidade.

Águia – É muito exigente, sendo inclusive rígido e ríspido com os que não executam bem as suas tarefas e funções, além de manter-se comumente distante dos seus liderados.

Leão – Extremamente focado no seu objetivo, muito resistente, confiável, porém, às vezes é difícil de acompanhar...

Abutre – Evidencia um comportamento egoísta, pois pensa principalmente em si, desconfiando de todo mundo...

Castor – É bastante discreto, trabalhador, mas extremamente inflexível quando decide agir!!!

Assim fica o seguidor de um líder cruel, **não é?**

OI

Alexander Kjerulf é um dinamarquês que se autointitulou *chief happiness officer* (CHO), algo como **gestor principal da felicidade**, na empresa que ele fundou, a Woohoo. Escreveu alguns livros, mas o que lhe deu fama internacional foi *Happy Hour is 9 to 5 – How to Love your Job, Love your Life and Kick Butt at Work* (cuja tradução literal é *Hora Feliz é das 9 às 5 – Como Amar seu Emprego, Amar sua Vida e Arrasar no Trabalho*).

Nesse livro ele destacou o seguinte: "Para mim um dos cargos mais importantes numa empresa é o de CHO, cuja função é manter a empresa feliz. E essa contribuição é tanto inspiracional quanto prática. Cabe ao CHO liderar as mais diferentes iniciativas na organização para tornar as **pessoas felizes**, promovendo celebrações, treinamentos, eventos e muitas atividades divertidas no ambiente de trabalho.

É função do CHO transformar a cultura na empresa para que seus funcionários, ao acordarem na segunda-feira de manhã, pensem: 'Que legal, é segunda-feira, vou trabalhar novamente', e não o oposto, ou seja, 'Oba, chegou a sexta-feira, chega desse trabalho chato!'

É vital que o empregado de uma organização consiga dizer para si mesmo: 'Eu vou trabalhar por muitas horas da minha vida aqui, e quero que essas horas sejam motivadoras e divertidas. Estou convicto que no século XXI serão cada vez mais bem-sucedidas as empresas que derem prioridade à gestão do sorriso dos seus funcionários, proporcionando-lhes inclusive intervalos em que possam relaxar e inclusive rir!!!"

Que tal você se tornar um líder CHO?

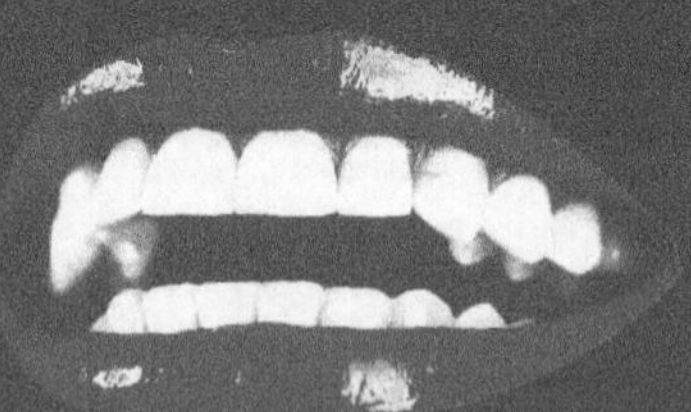

- **Entusiasmo** – O entusiasmo é o grande interesse, o intenso prazer, a dedicação ardente, a veemência com a qual se fala ou escreve. Também é uma admiração, um arrebatamento, uma explosão de alegria, uma excitação de maneira exagerada. Pela ótica etimológica, a palavra deriva do grego *enthousiasmus*, cujo significado é "ter um deus interior" ou "estar possuído por Deus".

No século IV o termo **entusiasta** era utilizado para descrever o indivíduo que vivia orando e permanecia em estado contemplativo, sendo inspirado pelo Espírito Santo!?!? Contemporaneamente o entusiasmo é utilizado para descrever o prazer em fazer alguma coisa, o gosto forte por algo ou para desenvolver alguma atividade com paixão e dedicação, mantendo o seu espírito sempre muito ativo.

Pode haver entusiasmo por quase tudo: escrever livros, criar empresas, torcer por um time de futebol, pela música, dança etc. Uma **pessoa entusiasmada** se mantém empolgada e intensamente estimulada a executar ações com sucesso. É alguém resiliente, que está disposta a enfrentar dificuldades e desafios sem deixar-se abater e, ao mesmo tempo, transmitir confiança e energia positiva aos que estão ao seu redor.

O entusiasmo pode, portanto, ser considerado um estado de espírito otimista, que as vezes é **endógeno** (gerado pelo próprio individuo) ou **exógeno** (motivado por fatores externos). Todo aquele que **gosta do que faz**, e **trabalha com entusiasmo**, está no caminho certo para alcançar sucesso profissional.

Naturalmente, e como acontece em qualquer tipo de situação, o **entusiasmo exagerado** deve ser evitado, pois pode levar o indivíduo a uma ambição descontrolada – à ganância, por exemplo, ou a algum outro dos **sete pecados capitais**.

- **Gula** – O pecado relacionado à "**fome desmedida**". O entusiasmo nesse caso é uma vontade patológica de se destacar; um desejo de ganhar mais dinheiro e de forma rápida; e de conquistar mais espaço no comando, mesmo não estando devidamente preparado para isso.
- **Avareza (ou ganância)** – Esse pecado se fundamenta no desejo egoísta de obter o máximo, no menor prazo possível. Ele entusiasma exageradamente o indivíduo a ganhar mais e mais dinheiro e outros bens materiais, e a acumular tudo isso sem jamais compartilhar.

Todavia, a especialista norte-americana em desenvolvimento humano, Pamela York Kleiner (1945-2019), que se tornou conhecida como a "**terapeuta do dinheiro**", considerava a ideia de querer muito dinheiro **saudável**!!! De acordo com ela:

"Dinheiro compra bons serviços médicos e boa educação (incluindo os melhores livros...), casas, carros, todas as vantagens digitais etc. Tudo isso é muito bom!!! O dinheiro cria ou possibilita muitas **opções** para as pessoas e na vida sempre é melhor tê-las do que não as ter, **não é?** O problema é se o dinheiro se torna a medida de quem você é!!! Assim, além de saber ganhar o dinheiro de que precisa para ter uma sua vida confortável você deve ser capaz de dizer basta e não continuar gulosamente querendo ter cada vez mais."

Pois é, ter sucesso na vida não significa ter muito dinheiro, assim como não ter dinheiro também não significa estar fadado ao fracasso... Jamais o indivíduo deve tentar enriquecer a qualquer custo, ultrapassando os limites da ética!!!

- **Luxúria** – Trata-se do desejo passional e egoísta por todo o prazer corporal e material. Apesar de esse pecado ser mais associado à busca excessiva por **prazer sexual**, pode também incorporar outros tipos de desejo, relacionados à gula, avareza e outros pecados, que permitem ao "pecador" curtir o **prazer de dominar**!!!

  Esse é um traço egocêntrico e bastante prejudicial, especialmente no ambiente de trabalho. Nos tempos modernos, os aplicativos de paquera como o Tinder sem dúvida impulsionaram muitas pessoas à prática da luxúria!!!

- **Ira** (**raiva**) – O ambiente de trabalho é capaz de gerar situações que afetam o controle emocional das pessoas, tornando-as profundamente "iradas". E quando o profissional se comporta com exagerada agressividade ele acaba transferindo toda essa ira para os outros e projetando suas frustrações e limitações neles. O grande problema é que tais situações podem ser profundamente maléficas para todos, e inclusive trágicas. A raiva não beneficia ninguém no local de trabalho. De fato, esse sentimento apenas prejudica sua reputação, sua credibilidade e seu profissionalismo.

- **Inveja** (**cobiça**) – Inveja é o pecado de desmerecer o mérito do outro e adotar posições e decisões mesquinhas em relação a todo aquele de quem sentimos ciúmes. Obviamente a inveja desperta uma série de sentimentos negativos que acabam refletindo num comportamento inadequado, pelo qual conclui-se que "**o sucesso de um depende do fracasso do outro!?!?**"

Nessa 3ª década do século XXI vivenciamos algo jamais experimentado: uma **incrível conectividade**. Graças especialmente às várias redes sociais disponíveis, o que nos leva a ficar com **muita inveja** das postagens de amigos, conhecidos e até mesmo de desconhecidos no LinkedIn, Facebook, Twitter etc. E a consequência disso é que existem muitas pessoas que reagem a essa situação de uma forma exageradamente maldosa, com o espalhamento (nessas mesmas redes) de *fake news*, mensagens de ódio e textos ofensivos a respeito dos alvos invejados. Essa prática, entretanto, apenas evidencia o desgosto de quem as posta pela felicidade alheia, e ressalta seus sentimentos de inferioridade.

- **Preguiça** – A preguiça é o pecado que **não nos leva a lugar algum** na vida!!! Ela pode acontecer por diversas razões: falta de motivação e entusiasmo, cansaço, insatisfação etc. É extremamente importante, portanto, identificar a origem dessa **indolência** ou **inatividade**!!!

  Todavia, se a preguiça não tiver um motivo aparente, é imprescindível vencer essa ociosidade, ou isso o acabará levando a uma **depressão espiritual**!!!

  Neste sentido, não se deve esquecer o que disse o marquês de Maricá, ou seja, Mariano José Pereira da Fonseca (1773-1848), escritor, filósofo e político brasileiro: "A preguiça gasta a vida, como a ferrugem consome o ferro." Por outro lado, ainda que com ressalvas, também é preciso aceitar a declaração de Mario de Miranda Quintana (1906-1994), poeta, tradutor e jornalista brasileiro, que disse: "A preguiça é a mãe do progresso. Se o ser humano não tivesse preguiça para caminhar, não teria inventado a roda!!!"

- **Soberba** (**orgulho**) – Esse é o pecado que alguém comete ao **não reconhecer** a ajuda obtida ao longo da carreira. Essa pessoa atribui a si mesma todo o mérito pelas suas realizações no trabalho e na vida pessoal. Os que sofrem de soberba costumam também menosprezar os colegas e as realizações deles. Esses indivíduos agem com arrogância e presunção, acreditando que seus feitos são melhores que os dos outros. De fato, o profissional orgulhoso faz de tudo para demonstrar que domina todos os assuntos, sem perceber os próprios defeitos e as próprias limitações.

A soberba é uma característica de profissionais de pouca inteligência, que têm por causa disso uma grande possibilidade de obscurecer os eventuais sucessos alcançados no passado com a ocorrência de grandes fracassos nas atividades futuras, quando o orgulho exagerado passará a dominá-los!!!

Assim, o conselho neste caso é procurar ser realmente **humilde** em tudo o que faz, sem, é claro, ostentar uma falsa modéstia. O profissional humilde tem muito mais a alcançar que o arrogante.

E para enfatizar uma vez mais o real significado de entusiasmo, sem incorrer acidentalmente em nenhum dos sete pecados capitais, veja alguns lembretes incríveis de algumas pessoas famosas:

- "O entusiasmo é a maior força da alma. Conserve-o e nunca te faltará poder para conseguir o que deseja." – Napoleon Hill (1883-1970), escritor norte-americano, influente na realização profissional.
- "A melhor maneira de nos prepararmos para o futuro é concentrar toda a imaginação e entusiasmo na execução perfeita do trabalho de hoje." – Dale Carnegie (1888-1955), pensador, escritor e orador norte-americano.
- "Nada de grandioso alguma vez foi alcançado sem entusiasmo." – Ralph Waldo Emerson (1803-1882), famoso escritor, filósofo e poeta norte-americano.

▶ **Coragem** – A palavra **coragem** é bem interessante, pois vem do latim *coratium* (*courage*, em francês e também no inglês), cujo significado original é **bravura**. E considerando que a raiz desse vocábulo é *car* ou *cardis*, cujo significado é **coração**, trata-se da bravura oriunda de um "**coração forte**".

Por milhares de anos o coração abrigou um sentido metafórico, como "sede" de nossas **emoções**, nossos **pensamentos** e da própria **inteligência humana**!?!? Ainda bem que agora, na 3ª década do século XXI, muita gente já abandonou esse entendimento sobre a "**importância do coração**" nos pensamentos e raciocínios dos seres humanos, uma vez que ambos primordialmente se desenvolvem no **cérebro**, não no coração!?!?

Existe obviamente uma grande diferença entre entusiasmo – aquela empolgação, excitação e força positiva contagiante que vimos anteriormente – e coragem, uma palavra simples que engloba firmeza, intrepidez, valentia, perseverança, ousadia, audácia, além de outras coisas. Assim, a coragem é a nossa capacidade de agir, apesar de eventuais temores ou de algum tipo de intimidação. Aliás, sem temores, o ser humano se sente motivado a ir bem mais além, e a enfrentar os desafios com certo desembaraço, não se preocupando com o pior.

Você fica assustado(a) com isso? Será que está de ponta-cabeça? Você sempre deve admirar o que é incomum e especialmente se for original!!! Claro que não deve sempre ser ousado de forma incondicional, mas sim agir de acordo com alguma estratégia, ou seja, praticar a **ousadia lúcida**!!!

Portanto, a **coragem** – que deve ser considerada uma importante virtude humana – é a confiança que uma pessoa tem em momentos difíceis da vida. É algo que a faz lutar e enfrentar os problemas que a atormentam e as barreiras que a limitam, tornando-se uma força extremamente positiva para combater os eventos tenebrosos em sua existência.

Pode-se dizer ainda que **coragem** é a confiança que uma pessoa tem em momentos de temor ou em situações difíceis, sendo que é isso o que a faz viver lutando e enfrentando os problemas e as barreiras que colocam medo, constituindo-se numa força positiva para combater os momentos tenebrosos de sua vida.

Se você não tem coragem, não adianta ter vontade. Amar, por exemplo, é um **ato de coragem**, ou seja, não há amor sem coragem e também não há coragem sem amor. Amor sem risco é tão impossível quanto uma guerra sem morte. A coragem é necessária para muitas razões, dentre as quais estão:

1ª) **Procurar** sempre a **verdade**, difícil de aceitar e sendo que raramente ela é aquilo que se deseja.

2ª) **Ter fé**, pois ela permite encarar melhor todos os obstáculos.

3ª) **Ser humilde**, respeitando as opiniões e habilidades dos outros.

4ª) **Viver** uma vida **ética**, ou seja, moral, integra e honesta.

5ª) **Envolver-se**, ou seja, querer **engajar-se**, escapando da apatia e da indiferença.

6ª) **Acreditar em algo**, mas questionando continuamente suas crenças, buscando reconfirmá-las se o seu significado for ainda válido.

7ª) **Rejeitar o cinismo**, porém infelizmente vivemos rodeados por muitos cínicos.

8ª) **Falar abertamente**, sentindo orgulho por estar dizendo algo sobre o qual se sente convencido.

9ª) **Assumir responsabilidade** pelas suas ações.

10ª) **Posicionar-se** em suas decisões, enfatizando que sabe o que quer.

Para se compreender ainda melhor a importância da coragem, vale a pena meditar sobre as seguintes citações:

- "Ser profundamente amado por alguém lhe dá força, enquanto amar profundamente lhe dá coragem!!!" – Lao-Tzu (também escrito como Lao Zi ou Lao-Tze), filósofo e escritor da China Antiga, que se acredita ter falecido em 531 a.C.
- "Quem perde seus bens, perde muito, quem perde um amigo ou um familiar, perde mais, mas quem perde a coragem, perde tudo!!!" – Miguel de Cervantes (1547-1616), escritor, dramaturgo e poeta espanhol.
- "A coragem é a resistência ao medo, o domínio do medo e não a ausência do medo!!!" – Mark Twain, pseudônimo de

Samuel Langhorne Clemens (1835-1910), escritor e humorista norte-americano.

- "O sucesso não é o final, o fracasso não é fatal. O que conta é a coragem para seguir em frente!!!" – Winston Leonard Spencer-Churchill (1874-1965), famoso político e estadista britânico.
- "Para ter um negócio de sucesso, alguém algum dia teve de tomar uma atitude bem corajosa!!!" – Peter Ferdinand Drucker (1909-2005), escritor, professor e consultor administrativo de origem austríaca, considerado o "pai da administração moderna".
- "Coragem é a capacidade de enfrentar o medo, conseguir fazer de outro modo, fazer aquilo que não está acostumado!!!" – Mario Sérgio Cortella, filósofo e educador brasileiro.
- "Coragem não é ausência do medo; mas a persistência apesar do medo!!!" – autoria desconhecida.
- "Pare de ter medo do que poderia dar errado e corajosamente comece a ser positivo sobre o que poderia dar certo!!!" – também de autoria desconhecida.

Após todas essas citações, não há dúvida de que se pode concluir que coragem é um desejo de agir mesmo com aquele friozinho na barriga e arrepio na espinha. É reunir todas as forças justamente nos momentos em que as suas debilidades estão mais expostas. Uma pessoa corajosa não é aquela que não sente medo, mas a que mesmo tomada por medo segue adiante!!!

Quase tudo o que se tem de fazer no decorrer da vida demanda uma boa dose de coragem. Assim, é necessário ser corajoso para iniciar um empreendimento, executar um projeto, envolver-se em um novo relacionamento, mudar de profissão, comprar um imóvel, ministrar uma palestra para um grande público, trocar de emprego etc.

É imprescindível ter coragem para deixar o medo para trás. E temos muitas coisas: a morte, a dor física, o fracasso no trabalho, as críticas ao nosso desempenho, assaltos etc. Há que se ter coragem para enfrentar os muitos momentos de tensão que acontecerão na vida de cada um, que provavelmente irão anteceder as pequenas e as grandes conquistas de uma pessoa.

Portanto, **coragem** é aquela virtude – para muitos especialistas a mais admirada nos seres humanos – que nos tira da inércia quando estamos diante de dificuldades e perigos, mobilizando a pessoa a agir, isto é, a resolvê-los ou pelo menos enfrentá-los. O contrário de coragem é covardia e, diante de situações de risco, toda pessoa covarde sente-se temerosa, fica paralisada e não consegue agir.

O profissional corajoso tem consciência de que os maiores prêmios são conquistados quando o indivíduo se arrisca por eles – afinal, tudo o que é realmente valioso está associado à palavra "risco". Uma pessoa corajosa é aquela que demonstra que de fato assimilou o conselho de Jorge Paulo Lemann, um dos maiores empreendedores brasileiros, quando ele disse: "O maior risco é não correr riscos. Não dá para ficar sem correr riscos; senão você não faz nada!!!"

É preciso, portanto, ter coragem para batalhar pelos seus sonhos, desejos e objetivos traçados. Sem coragem é muito difícil encontrar o rumo certo para a evolução da carreira profissional. Se existe um diferencial que se nota claramente nas pessoas corajosas é que elas demonstram muita **fé**.

É essa crença em algo maior que lhes dá as forças para lutarem incessantemente pelos seus objetivos. É evidente que onde não há **fé**, também não há **coragem**. E sem coragem, é claro que o **medo** tomará conta da situação, com o que, as pessoas acovardadas acabarão ficando inertes...

Pois é, a coragem **é**, **foi** e **sempre será** a **maior virtude** dos verdadeiros heróis, das pessoas que fizeram a diferença nas suas atividades, em seu tempo, alcançando muito sucesso e grandes vitórias. A vitória é o destino certo para quem tem a sabedoria para entender que tudo se aprende e se conquista quando **não** lhe **falta coragem**.

Infelizmente é inevitável que ao longo de sua vida a pessoa se depare com muitas situações que irão incutir certos medos em sua mente. Ela também terá de superar obstáculos que a impedem de exibir seu talento!?!? Porém, quando isso acontecer a pessoa não pode **esmorecer**, de forma alguma!!!

Recentemente, pesquisadores israelenses que estudaram o cérebro humano descobriram que a coragem pode (e deve...) ser trabalhada e desenvolvida. Então não perca tempo e comece imediatamente. Também não esqueça jamais que para ter "**sorte na vida**", é imprescindível ter coragem, muita coragem!!! O que se tem notado é que todos aqueles que são **audazes**, são **acompanhados** de perto pela **sorte**!!!

- **Emoção** – Emocional é aquela pessoa com capacidade para analisar os cenários mais diversos com bastante **sensibilidade**. Ela tem grande inclinação para usar sua **criatividade**, e muita **intuição** para tomar decisões de forma rápida e inusitada. Todavia, também é muito importante que essa pessoa também seja **empática**.

Empatia é a capacidade psicológica de um indivíduo para sentir o que outra pessoa está sentindo ao vivenciar uma situação, como se pudesse literalmente colocar-se no lugar dela!!! Com origem no termo grego *empatheia*, que significa "**paixão**", a empatia pressupõe uma comunicação afetiva entre as pessoas, e é um dos fundamentos da identificação e da compreensão psicológica dos seres humanos!!!

Quem pratica a empatia busca compreender sentimentos e emoções, e procura, como já foi dito, sentir o que o outro sente!!! Ela leva as pessoas a se ajudarem mutuamente. Assim, a empatia está intimamente ligada ao altruísmo, ou seja, ao amor e interesse que se tem pelo próximo, com a finalidade de ajudar a acabar com o seu sofrimento.

Assim, pode-se dizer que o antônimo de empatia seria **indiferença** àquilo que o outro sofre. Quando o contato com outra pessoa gera prazer, alegria, satisfação e compatibilidade, nesse contexto a **empatia** pode ser considerada como o oposto de **antipatia**, se bem que o trivial é que essa palavra seja o contrário de **simpatia**.

Como o contrário de simpatia, a antipatia é um sentimento de aversão espontânea e instintiva que as pessoas podem sentir pelo seu semelhante, por um objeto ou até mesmo por uma ideia. A **simpatia** é geralmente uma **resposta intelectual**, enquanto a **empatia** é uma **combinação emotiva**. Enquanto a simpatia indica para uma vontade de estar na presença de outra pessoa, e de agradá-la, a empatia faz brotar um **desejo de conhecer e compreender a outra pessoa**!!!

A **simpatia**, por exemplo, costuma unir as pessoas através das atividades, ou seja, do que elas possuem em comum. Enquanto isso, a **empatia** não se dá necessariamente por afinidade, uma vez que ela ocorre através de um processo de compreensão da situação vivenciada pela outra pessoa.

- **Mas o que é uma pessoa empática?**

Para uma melhor compreensão desse conceito, meditemos sobre as explicações a seguir:

- "Ser empático é ver o mundo pelos olhos do outro, ao invés de ver o nosso mundo refletido nos olhos dele!!!" – **Carl Rogers** (1902-1987), psicólogo norte-americano desenvolvedor da abordagem centrada no indivíduo.
- "A maior expressão de empatia é sermos compreensivos com alguém de quem não gostamos!!!" – **Mark W. Baker**, autor e palestrante norte-americano que se tornou mundialmente conhecido por pesquisar e apresentar em seus livros a relação entre espiritualidade e psicologia.
- "Para compreender as pessoas é preciso observar o que elas não estão dizendo, aliás, o que elas talvez nunca venham a dizer!?!?" – **John Enoch Powell** (1912-1998), político, acadêmico, escritor e poeta britânico.
- "A empatia é certamente um dos mais nobres sentimentos humanos. Para entender e ajudar o próximo é necessário se imaginar na condição dele." – **Lázaro de Souza Campos**, professor brasileiro.
- "A amizade surge de uma empatia, mas sobrevive da reciprocidade." **Ataíde de Lemos**, poeta e escritor brasileiro.
- "Perceber o que as pessoas sentem sem que elas o digam é a essência da empatia." – **Daniel Goleman**, jornalista científico norte-americano, especialista em inteligência emocional.
- "Antes de emitir juízo ou opinião sobre uma pessoa, coloque-se no lugar dela. Isso se chama empatia." – **Lucas Lujan**, psicanalista, escritor e professor brasileiro.
- "Não procure empatia no mundo virtual. Aí a hipocrisia prevalece e o sentimentalismo pouco importa." – **Autor desconhecido**.
- "Empatia não é se colocar no lugar do outro, é entender que o outro é o outro." – **Autor desconhecido**.

E aí, ficou mais claro como se deve agir para ser empático? Mas para concluir esse tema, a pessoa empática é, portanto, aquela que sabe ouvir os outros e se esforça para compreender os problemas alheios, assim como as suas dificuldades e as emoções.

Quando alguém diz: "Houve uma empatia imediata entre nós", isso significa que aconteceu um grande envolvimento, uma identificação instantânea. Vivemos numa época em que se tornou cada vez mais relevante a questão da empatia.

▸ Mas, como se faz para desenvolver a empatia?

É possível compreender o outro mais facilmente – e ser empático –, e de forma mais eficiente, por meio da **comunicação não-violenta** (CNV), desenvolvida pelo psicólogo norte-americano Marshall Rosenberg há muitas décadas. Essa abordagem volta-se para o desenvolvimento das habilidades de ouvir e falar.

A pandemia provocada pela *Covid-19* em 2020, 2021 e início de 2022 levou todos nós a grandes mudanças em nossa rotina diária, com interrupções em muitos aspectos da vida que anteriormente eram considerados "**normais**". A necessidade de seguir novas diretrizes comportamentais e praticar o distanciamento social fez com que nos sentíssemos mais oprimidos por nossa própria **ansiedade**.

Lamentavelmente, centenas de milhares de pessoas morreram, dezenas de milhões se infectaram e sofreram bastante para se curar..., mas já no início de 2022, graças à vacinação de praticamente todas as pessoas que ficaram imunizadas (pelo menos parcialmente...) no País, começou-se um processo de volta ao normal.

No pós-pandemia muitos ficaram com problemas econômicos – pois perderam seus empregos, a inflação retornou etc. –, enquanto outros desenvolveram desordens mentais e comportamentais, um fardo que provavelmente terão de carregar pelos próximos anos... Além disso, a incapacidade de muitas pessoas de se colocar no lugar dos outros, isto é, de serem empáticos, elevou muito os níveis de sofrimento entre os brasileiros, colocando-os entre os mais estressados do planeta!?!?

Portanto, praticar a empatia no pós-pandemia se tornou muito importante, não apenas pelos outros, mas também por nós mesmos!!! Pois é, ter e demonstrar empatia acaba nos ajudando a nos sentirmos menos solitários e mais conectados. Sentir empatia nos permite gerenciar melhor a ansiedade que temos enfrentado nesses últimos três anos. Portanto, procure ser **cada vez mais empático**!!!

01

Saber fazer uma autoavaliação é fundamental para se conhecer a nossa inteligência emocional. Precisamos ser capazes de entender nossas emoções em um nível visceral, isto é: o que está acontecendo de fato conosco.

As emoções têm uma manifestação física em nossos corpos e podemos usar essas sensações para reconhecê-las. Repare, pois, que é o seu corpo que lhe indicará se você estiver animado, carinhoso, triste, irado, amedrontado e feliz (veja a figura abaixo).

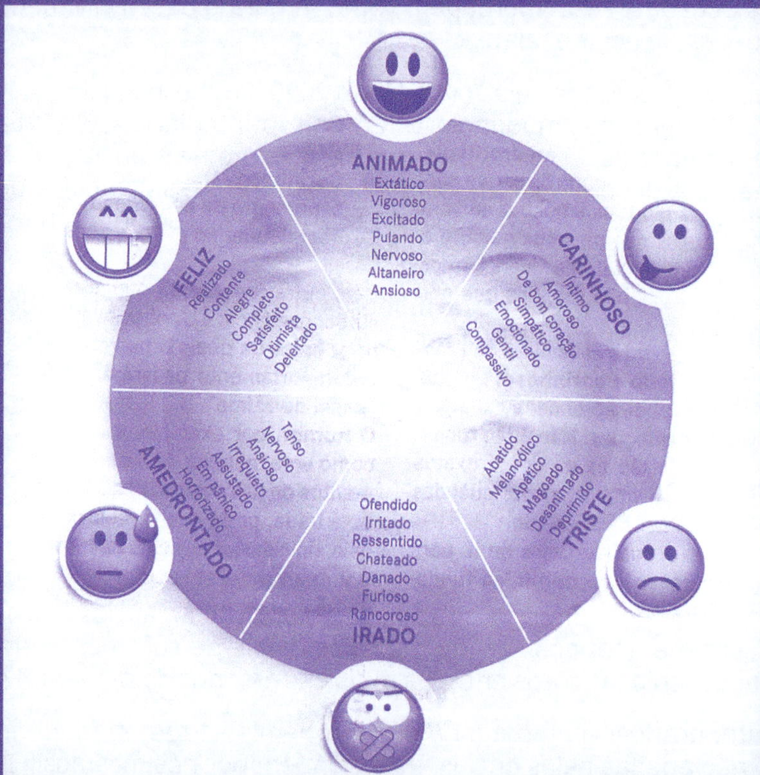

Quando você faz a sua autoavaliação, qual dessas "carinhas" mais aparece de forma destacada?

a) b) c) d) e) f)

O grande guru e especialista em rmoções no trabalho, o psicólogo Daniel Goleman destacou que a **inteligência emocional** exige **foco**. Há três tipos principais de foco:

O **foco interno**, que é a concentração que lhe permite ser capaz de prestar atenção, conseguindo ignorar o que acontece lá fora!

O **foco externo**, aquele de livre associação no qual a sua mente pode vagar. O que é essencial para se desenvolver a criatividade e chegar a inovação.

O **foco empático**, ou seja, da presença, quando você está apenas e inteiramente com a pessoa que está a sua frente, prestando atenção total nela naquele momento.

Toda pessoa que deseja destacar-se pela sua liderança precisa chegar à empatia. Há também três tipos de **empatia**:

- **Empatia emocional**, quando alguém salienta: "Eu sinto como você, sei como reage. Por isso posso dar-lhe conselhos."
- **Empatia cognitiva**, quando alguém chega à seguinte condição: "Eu posso enxergar de seu ponto de vista e falar para você compreender."
- **Empatia compassiva**, quando alguém conclue: "Eu sinto que você precisa de ajuda e vou te ajudar."

Daniel Goleman, que explicou para o mundo o quanto é imprescindível a inteligência emocional para alguém ter sucesso!!!

- **Racionalidade** – Ser racional é ter a aptidão de **deduzir** a resposta certa por meio da lógica. É ser um arguto observador e conseguir tirar importantes conclusões a partir de pequenos fatos. A **racionalidade** apresentada por um indivíduo evidencia sua sensatez, uma vez que ele comumente decide com base em fatos ou em "**razões**".

BRILHE 36

Quantos triângulos diferentes você consegue ver na imagem abaixo?

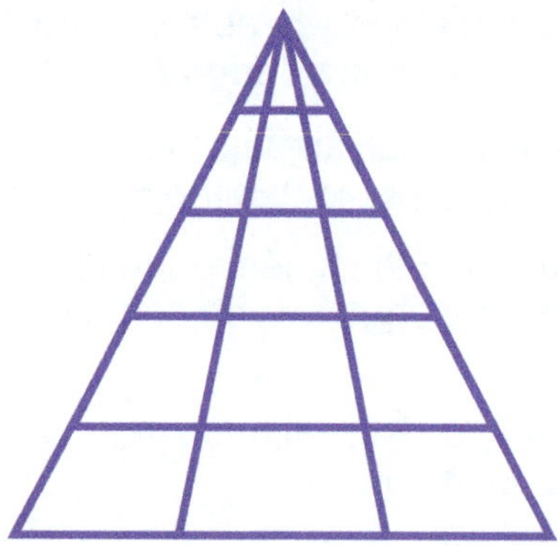

Essa imagem circulou recentemente no Tik Tok e atingiu mais de 2 milhões de visualizações, ultrapassando mais de 180 mil comentários. Segundo as estatísticas divulgadas, não mais de 2% dos curiosos conseguiram chegar à resposta correta sobre quantos triângulos diferentes existem no desenho.

O que posso adiantar é que aqueles que erraram citaram números entre 15 e 24, mas a resposta certa não é esta!?!?

Uma decisão racional é aquela que não é apenas fundamentada, mas também ideal para se alcançar um objetivo ou resolver um problema!!! Entre os sinônimos para racionalidade estão: lucidez, discernimento, juízo, critério, percepção, inteligência etc. De uma forma simples, pode-se conceituar a racionalidade como **a capacidade de exercer a própria razão**!!! Já a irracionalidade é o oposto de racionalidade, ou seja, a falta de raciocínio e, assim, por exemplo, um comportamento egoístico deve ser considerado **irracional**!?!?

Não é assim que você conseguirá **PREVALECER**!?!?

Atualmente a palavra racionalidade tem diversos significados diferentes, conforme o campo de estudo – **economia, sociologia, psicologia, biologia evolutiva e ciência política**.

O famoso filósofo grego Aristóteles (384 a.C. – 322 a.C.) foi seguramente o primeiro grande pensador a tentar descrever a racionalidade humana. Ele salientou que a principal característica humana é a **racionalidade** – sua grande distinção em relação ao amplo quadro de animais – ou seja, sua posse de uma dinâmica intelectual, que se expressa na capacidade racional de compreender as muitas **relações de causa e efeito**.

Dois milênios depois de Aristóteles, Oscar Fingal O'Flahertie Wills Wilde (1854-1900), ou simplesmente Oscar Wilde, um influente escritor, poeta e dramaturgo irlandês, salientou: "Como se pode dizer que o ser humano é um animal racional!?!? Ele é tudo o que se queira dizer, menos racional, pois perde sempre a cabeça quando é chamado a agir pelos ditames da razão!?!?"

De fato, é o **sentimentalismo** que fecha os nossos olhos e paralisa o nosso cérebro para a prática da razão e, consequentemente, para a racionalidade. O melhor exemplo é o **amor**, particularmente o **erótico**, que muitas vezes se desenvolve alheio a qualquer racionalidade. Ainda assim, pode-se dizer que é a **racionalidade** que nos permite alguém controle sobre as paixões desmedidas.

Também é praticamente impossível manter-se um diálogo racional a respeito de **crenças** e outros **conceitos** que não tenham sido adquiridos por meio da **razão**.

BRILHE 37

O que você acha dessas cinco situações para poder **PREVALECER**, sustentando-se do jeito que puder (a), imitando como é feito algo (b), querendo subir de nível (c), valendo-se do cargo (d) ou não tendo aptidões básicas (e)?

a)

b)

c) **Um cartum de Viliam Zivicky**

d) Ele é **chefe!!!**

— Quanto vale esse louro?

— R$ 5.000

— Uh! É caríssimo.

— Que você pensa, ele sabe receber informações da Internet.

— E esse outro, quanto custa:

— R$ 15.000

— Quinze mil reais? Você está louco?

— Não, de forma alguma. Além de computação, de entender de Internet, ele fala em mais dois idiomas.

— E esse outro no canto, qual é o seu preço?

— Ahhh, esse custa muito mais. O valor é R$ 50.000

— Mas por que esse é tão caro? O que é que ele sabe fazer?

— Olhe, realmente eu não sei. O que eu sei é que os outros dois o chamam de **chefe**!!!

e) A fábula do barqueiro e do sábio

Um barqueiro chinês estava transportando um sábio num barco e, enquanto atravessam um rio muito largo, o sábio indagou:

— Você já leu o *I Ching*?

O humilde barqueiro respondeu:

— Não.

Ao que o venerando sábio comentou:

— Então você perdeu uma quarta parte de sua vida!!!

Mais adiante, o sábio tornou a questionar o barqueiro:

— Você conhece as parábolas de Buda?"

E o barqueiro, já um tanto envergonhado, respondeu:

— Não senhor.

O sábio afirmou:

— Então você perdeu mais um quarto de sua vida!!!

Já no meio do rio, o sábio fez uma nova pergunta:

— Você sabe onde nasceu Confúcio?

E mais uma vez o barqueiro respondeu:

— Não senhor.

Ambos ficaram calados por alguns momentos, até que de repente uma grande tempestade se formou e despencou, formando ameaçadoras ondas para o pequeno barco. Diante da situação, foi o barqueiro que perguntou ao sábio:

— O senhor sabe nadar?

O sábio olhou para o barqueiro e, assustado, confessou:

— Não, eu não sei!

Naquele momento o barco virou e os dois caem na água. O barqueiro se voltou para o sábio e diz:

— Então o senhor perdeu sua vida inteira!!! — disse adeus e saiu nadando...

OI

Quem quiser se aprofundar nos conceitos de **pensamento racional** ou **racionalidade** poderá recorrer ao que foi escrito por Maximilian Karl Emil Weber (1864-1920), um intelectual, jurista e economista alemão considerado um dos fundadores da sociologia.

O importante é notar que é possível ser **emocional** e **racional** ao mesmo tempo!?!? Note-se que tanto a racionalidade quanto a emotividade (ou a empatia) são processadas no nosso cérebro!!! A emoção é a manifestação de como você se sente a respeito de uma situação e, como em qualquer outra reação, cabe a cada indivíduo saber utilizá-la bem para tomar a melhor decisão!?!?

Quem deseja **PREVALECER** deve saber meditar, viu?

Habitualmente acaba ocorrendo um equilíbrio entre a **mente racional** e a **mente emocional**.... Quando a emoção acontece, isso é informado à mente racional, que a filtra e, com frequência, a refina!!! De fato, uma pessoa atinge um equilíbrio entre o seu **ser racional** e o seu **ser emocional** quando consegue desenvolver a **mente sábia**.

A mente sábia é aquela com a qual uma pessoa tem a capacidade de sintetizar a observação, a análise, a lógica, as expressões emotivas e a intuição. Para se ter uma mente sábia é vital passar a habilidade de consciência plena (*mindfulness*), o que significa saber meditar.

É graças à mente sábia que o ser humano consegue **PREVALECER**, tanto profissionalmente como em sua vida privada, sem ser consumido por **paixão enlouquecida**; sem ser influenciado por um **realismo fantasioso**; sem praticar uma **ética imoral**; sem ter uma **visão deturpada**; sem adotar **atitudes incorretas**; sem exercer uma **liderança espúria**; sem sentir um **entusiasmo exagerado**; sem demonstrar uma **coragem amalucada**; sem desenvolver uma **empatia fingida**; e sem praticar uma **racionalidade ilógica**!!!

OI

Esse é o último destaque no qual repito que você deve continuamente procurar se **adaptar**, **agilizar** e **aperfeiçoar** – os **3As** – para escapar do modelo clássico da evolução da carreira de muitas pessoas que passam fundamentalmente pelas etapas: **crescimento**, **estabilidade por algum tempo** no auge, e **declínio** (obsoletismo), com o envelhecimento, fase em que se deixa de aprimorar. Durante esses períodos, a pessoa convive com os seguintes adjetivos:

No início ela é chamada de: iniciante, ingênua, inconstante, indecisa, instruída inadequadamente, interessada, incansável, inabalável, integradora etc.

Na etapa seguinte, em que consegue brilhar, obter sucesso, ela passa a ser chamada de: incrível, insaciável, indispensável, inigualável, incomparável, imprescindível, irresistível, insuperável, insubstituível etc.

Finalmente chega a pior fase, quando a pessoa simplesmente se acomoda com aquilo que já conquistou, não demonstrando o desejo de se **aperfeiçoar**. Ela então passa a ouvir coisas do tipo: irritadiço, inconsciente, inconsistente, incoerente, ineficiente, incompetente, intolerável, improdutivo, inaproveitável, inútil etc.

Portanto, para se **PREVALECER** ao longo da vida, é indispensável que os verbos (palavras que exprimem ações) **adaptar**, **agilizar** e **aperfeiçoar** sejam continuamente **aplicados**!!!

Para concluir, vale a pena que todo aquele que **deseja PREVALECER** leia o seguinte texto do escritor e poeta Waldiner Pachiega, cujo título é *Procura-se*:

"Alguém que a corrupção não o tenha tomado.

Alguém cuja vida não seja manchada.

Alguém cujos passos não sejam tortuosos.

Alguém que o dinheiro não tenha dominado.

Alguém que não seja escravo do vício.

Alguém a quem não falte amor.

Alguém que se preocupa com o próximo.

Alguém que para o desamparado ofereça abrigo.

Alguém que para o faminto ofereça alimento.

Alguém que para o doente ofereça a cura.

Alguém que para a tristeza ofereça um consolo.

Alguém que para a sede ofereça água.

Alguém que para a violência ofereça a paz.

Alguém que para a ofensa ofereça um sorriso.

Alguém que para o ódio ofereça o amor.

Alguém que para a injustiça ofereça a justiça.

Alguém que para a mentira ofereça a verdade.

Alguém que para a inveja ofereça o sucesso.

Alguém que para o esquecimento conceda as lembranças.

Alguém que para as indiferenças conceda a união.

Alguém que para o descaso conceda o amparo.

Alguém que pregue tudo isso.

Alguém como você!!!"

Gostaria de salientar que o sucesso na vida pessoal e profissional, ou seja, o PREVALECER depende unicamente de sua insistência e ação. Você para ter muitos dias prósperos tem que estar ciente que eles não virão por acaso. Somente surgirão a partir da sua persistência e sua "mente-fatura" (cada vez menos manufatura....), isto é,um seu eficiente trabalho mental o que o tornará um vencedor feliz ou feliz vencedor, pois seguiu os seguintes princípios:

Na conduta – sinceridade
No sentimento – pureza
Nas ideias – elevação
Na dor – paciência
No lar – devotamento.

Na alegria – comedimento
Na profissão – diligência
No emprego – gentileza
No estudo – aplicação
Na afeição – equilíbrio

Na corrigenda – misericórdia
No direito – desprendimento
Na obrigação – resgate
Na posse – altruísmo
Na carência – conformidade

Na tentação – resistência
No carisma – proveito
No ensino – demonstração
No conselho – exemplo
Na ofensa – perdão

E, além disso, sempre foi sabedor bem consciente que **nada é permanente**, e por isso procurou se **aperfeiçoar** constantemente e não ficou de forma alguma abalado com os fracassos, ou transtornos que foi sofrendo em sua trajetória na vida, pois os encarou como reais oportunidades para o aprendizado, para que você fosse ficando cada vez mais **excelente**!!!

Finalmente, **não se esqueça jamais** do que disse o famoso guru Osho, já mencionado neste livro:

"Nunca existiu uma pessoa como você! Não existe ninguém neste mundo como você agora, e nunca existirá. Veja só o respeito que a vida tem por você. Você é uma obra de arte – **impossível de replicar**!!! **Incomparável, e absolutamente única!!!**"

Evite o colapso em sua vida procurando adaptar-se rapidamente às mudanças; agilizando-se prontamente; aperfeiçoando-se continuamente. Não esqueça nunca que o acomodado aprende uma profissão.... Já o **inquieto** vale-se sempre dos 3As para ter uma carreira de sucesso.

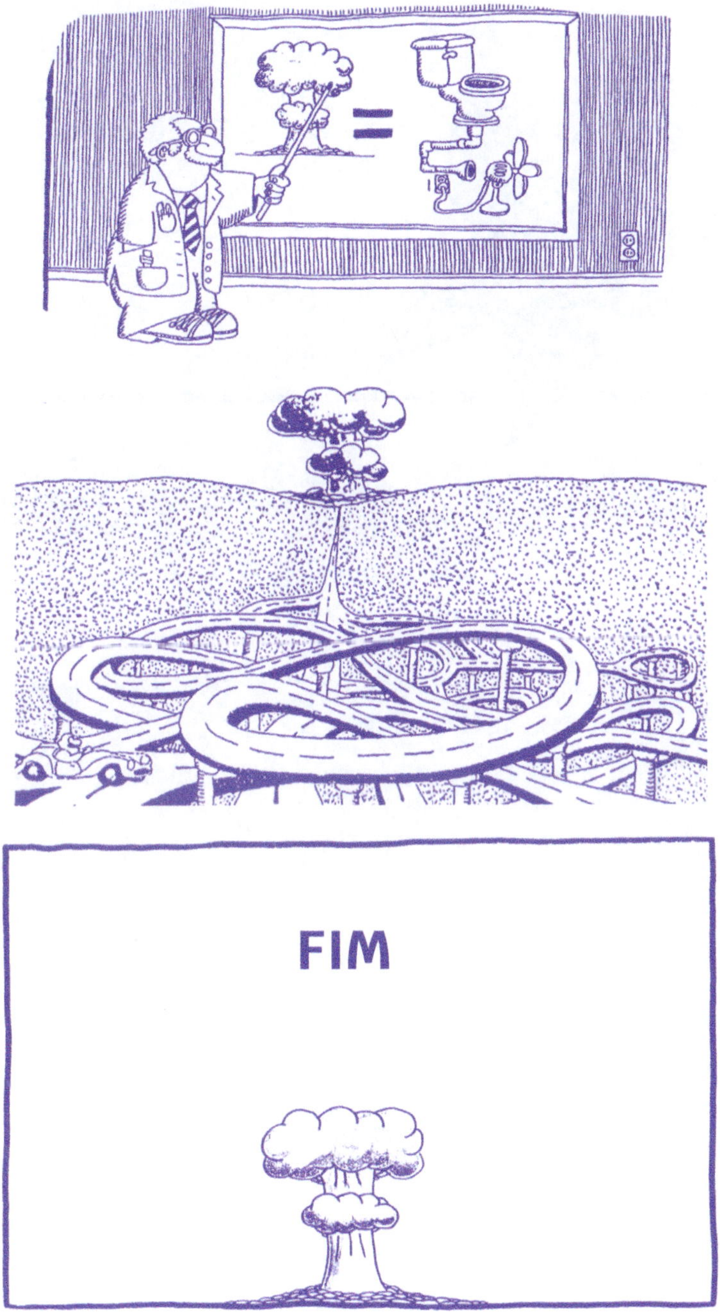
FIM

RESPOSTAS E SOLUÇÕES PARA OS BRILHE

BRILHE 1

a) O valor é 1, viu?

Porém, você não percebeu que essa foi uma maneira criativa de usar todos os 10 dígitos (uma só vez cada um) conectados através de operações elementares para escrever o 1. Essa foi boa, não é?

b)

$$2 + 2 - 2 - 2 \div 2 = 1$$
$$2 + 2 + 2 - 2 - 2 = 2$$
$$2 + 2 - 2 + 2 \div 2 = 3$$
$$2 \times 2 \times 2 - 2 - 2 = 4$$
$$2 + 2 + 2 - 2 \div 2 = 5$$
$$2 + 2 + 2 + 2 - 2 = 6$$
$$22 \div 2 - 2 - 2 = 7$$
$$2 \times 2 \times 2 + 2 - 2 = 8$$
$$2 \times 2 \times 2 + 2 \div 2 = 9$$
$$2 - 2 \div 2 - 2 \div 2 = 0$$

c) A frase “dois mais dois é igual a cinco” (2 + 2 = 5) é um *slogan* que já foi usado em diferentes formas na mídia, e que apareceu no livro *1984*, George Orwell como um exemplo de um dogma obviamente falso, no qual pode-se ser obrigado a acreditar!!!

Nesse sentido o(a) curioso(a) leitor(a) deve acionar o YouTube para ver um vídeo no qual se explica como se pode fazer isso – pode ser o do prof. Rafael Procópio – e se salienta em que operação matemática você foi enganado(a)!!!

d) Evidentemente, se nada for feito, as identidades deveriam ser:

$$2 + 4 = 6$$
$$5 + 2 = 7$$
$$7 + 3 = 10$$
$$8 + 4 = 12$$

Mas não se trata disso. Utilizando seu raciocínio lógico, basta multiplicar cada número por si mesmo, então somar os resultados para se chegar às identidades desejadas!!!

$$2 \times 2 + 4 \times 4 = 4 + 16 = 20$$
$$5 \times 5 + 2 \times 2 = 25 + 4 = 29$$
$$7 \times 7 + 3 \times 3 = 49 + 9 = 58$$
$$8 \times 8 + 4 \times 4 = 64 + 16 = 80$$

E aí, você não achou que foi uma “pegadinha” bem malandra?

e)

Nesse caso foi necessário designar os “vértices” do triângulo de x (o superior), y e z (no sentido horário) e daí surgem as equações:

$$x + 7 + y = 13 \rightarrow x + y = 6$$
$$y + 5 + z = 13 \rightarrow y + z = 8$$
$$z + 3 + x = 13 \rightarrow z + x = 10$$

Esse sistema linear é muito fácil de resolver e obtém-se:

$$x = 4, y = 2 \text{ e } z = 6$$

BRILHE 3

Ai vão seis afirmações que servem para quem acredita que "sabe pouco ou nada"...

- "Tudo que devemos é decidir sobre o que precisamos fazer com o tempo que nos é dado."
- "Não ter razão para ficar e um ótimo motivo para ir..."
- "O que não me acrescente não me faz falta."
- "Tem coisas que a gente não perde, se livra!!!"
- "Tentaram me enterrar. Mal sabiam que eu era semente!?!?"
- "Não importa qual seja a situação. Nunca deixe suas emoções se tornarem maiores que sua inteligência."

Na sua pesquisa, alguma citação é semelhante a essas?

BRILHE 4

A seguir algumas sugestões, caso você antenado(a) leitor(a) tiver dificuldade para chegar às respostas!!!

a) Faça uma lista das atividades preferidas, das coisas que mais faz e das pessoas com as quais gosta de estar.

b) Não esqueça que "loucura" é um conceito bem relativo.

c) Lembre dos eventos em que acredita ter obtido um sucesso.

d) Cite aquilo que faz com prazer e que geralmente recebe elogios dos outros.

e) Pense num estilo de vida ideal, partindo do fato de que os limites das nossas realizações de amanhã são as nossas dúvidas e hesitações de hoje.

f) Pare e pense nas coisas que dentro da sua "mochila da vida" pesam muito no seu dia a dia.

g) Pense principalmente no básico: "Isso lhe daria mais tempo para fazer as coisas que mais gosta?"

h) Tente lembrar daquelas situações em que você simplesmente achou que não aguentaria!!!

i) Descubra qual é a atitude mais simples que você pode tomar hoje para alcançar o que sonha e implemente-a!!!

j) É (são) aquela(s) pessoa(s) que mais te inspira(m).

BRILHE 6

a) Bem, aí vão seis delas.

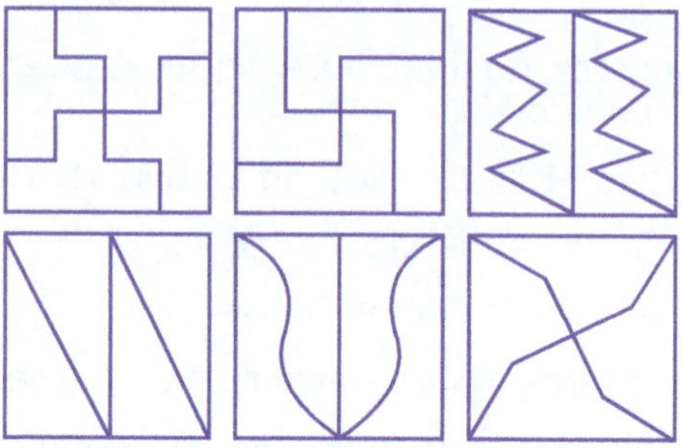

Notou que quando conseguiu elaborar os "desenhos" acima, sentiu que novos horizontes foram se abrindo, **não é**? O "salto" de algumas respostas (soluções) para um número bem maior é algo semelhante a "sair de uma caixa" para "novas caixas" o que lhe dá uma sensação de que a sua criatividade não tem limite!!! Certo?

b) Para começar, segurar uma raquete de tênis numa mão e tentar arrumar o cabelo com a outra, é pouco provável, porém, não **impensável**!!! Um dos puxadores está bem fora do estilo.... Porém, as piores discrepâncias estão refletidas no espelho. Em primeiro lugar, o estilo do cabelo não está de acordo, a mão e o braço direito não "concordam", além do que o braço deveria estar na frente e não atrás.

Viu como as boas observações são vitais para que você realmente entenda o que está ocorrendo?

c) A bicicleta

d)

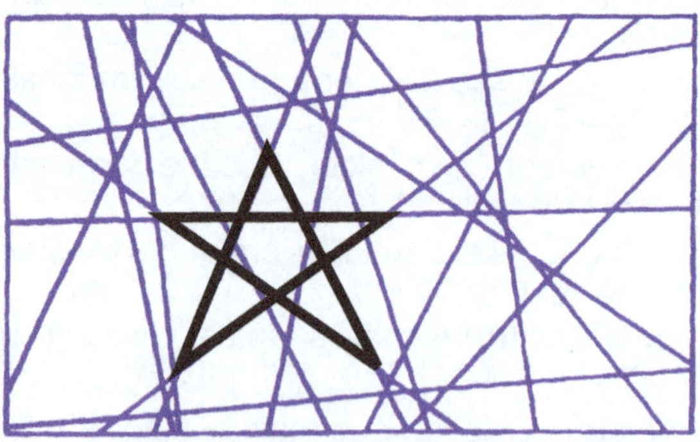

BRILHE 7

As possíveis respostas são:

a) o pescoço

b) Nada

c) Pão

d) IVONE

BRILHE 9

a) Bem, acreditar-se que a galinha foi domesticada há mais de 4000 anos, e hoje para alimentar cerca de 8 bilhões de pessoas estima-se que haja uma população de 25 bilhões de galinhas e frangos num confinamento maciço nas granjas, nas quais de tempo em tempo surge alguma epidemia que leva ao sacrifício de milhões dessas aves...

b) O aspecto interesseiro do cuco é que esse pássaro é um "parasita" de ninhos especializado (de acordo com a raça), colocando seus ovos no ninho dos outros. Uma das vítimas é o pássaro ferreirinha. Quando os filhotes de cucos nascem, eles têm de se adaptar ao "idioma" dos pais postiços, para poder disputar a atenção deles por comida com os outros "irmãos". Se não fizerem isso, a mãe postiça percebe e eles são enxotado dali para a morte....

c) A **banana** é a 2ª fruta mais consumida no mundo todo, vindo depois da **maçã**!!! Claro que no Brasil ela ocupa o **1º lugar**!!! É uma fruta fácil de comer, nutritiva (rica em fibras, potássio e vitaminas). É uma boa pedida para doces e sorvetes, super gostosa frita e vai bem em muitos pratos salgados.

Escreve-se da mesma forma em quase todas as línguas. E aí vai uma provocação envolvendo a banana: como é que o artista Andy Warhol (1928-1987) usou a fruta para divulgar um disco embrionário de *art-rock*? Vale a pena você pesquisar mais sobre a "bananada da discórdia" de Andy Warhol, pois vai se deparar com uma narrativa bem interessante.

d) Na minha opinião a primeira situação é bem menos provável do que a 2ª situação, por isso é vital aprender naturalmente algo que seja valorizado pelo mercado de trabalho!?!?

e) Ai vai, em forma de uma historinha em quadrinhos, a possível caracterização:

BRILHE 11

Para **memorizar** tem-se**:** listar, relembrar, reconhecer, identificar, localizar, descrever, citar.

Para **compreender** servem: esquematizar, relacionar, entender, demonstrar, absorver, associar, converter.

Para **aplicar** pode-se ter: utilizar, implementar, modificar, experimentar, investir, executar, atribuir.

Para **analisar** são parecidos: vasculhar, classificar, diferenciar, comparar, averiguar, experimentar, investigar.

Para **avaliar** são adequados: qualificar, delimitar, estimar, selecionar, ponderar, graduar, aferir.

Para **criar** convém citar: elaborar, desenhar, produzir, prototipar, armar, idear, inventar.

BRILHE 12

a) Dizem que na arte os limites da censura são bem mais amplos!!! Mas você há de concordar que a posição dessa "mãozinha" foi, sob certos aspectos, bem conveniente, não é?

b) Esse tipo de "distração" competitiva é bem desagradável, especialmente para o peru, não é? Será que ele percebe que o de "4 dedos" está lhe apresentando uma parte que já foi de um outro peru?

c) Não há como negar que está se usando o cobertor de forma inadequada, que por sua vez é muito maior do que o necessário, porém colocado de forma errada, não é?

BRILHE 14

a) No total temos 11 quadrados, sendo 5 menores, 4 médios e 2 maiores:

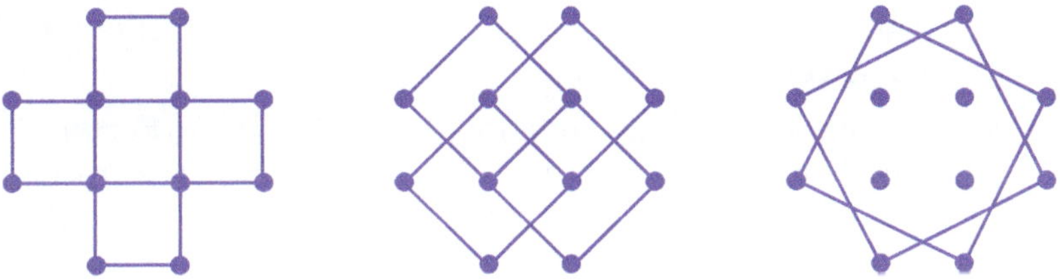

5 4 2

b) Um total de 19, sendo 7 bem pequenos, 4 um pouco maiores, 4 médios, 3 de 56 mm de lado e 1, o maior de todos, no qual estão todos os outros!!!

c) Basta analisar quais dessas faces não podem estar próximas, observando-se a caixa antes de ser montada. Portanto a resposta é II.

d) É o IV, visto que o que se percebe em cada mosaico é que houve uma rotação no sentido horário igual a um quarto de volta toda.

BRILHE 15

a) Inicialmente, deve-se destacar que foi o **pudor** que inventou a roupa para que se tenha mais prazer com o que fica exposto (a nudez). Ao se ver uma pessoa parcialmente vestida, isso permite as pessoas imaginarem como deverá ser aquele corpo. Por incrível que pareça para muitos na guerra da intimidade leva melhor aquele que retém uma parte da informação... Você concorda?

b) A melhor maneira de avaliar alguém é ver como trata as pessoas que lhe podem oferecer absolutamente nada igual em troca, mas que evidentemente lhe ficarão gratas!!! É assim que se identifica claramente alguém que quer evoluir, mas que deseja progredir sem usar (manipular) os outros para alcançar o que deseja? Você acha que isso é possível?

c) Muita gente faz isso, provavelmente por puro efeito psicológico, achando que quanto mais forte fizermos isso, aumenta a probabilidade de o controle obedecer!?!? **Pare de fazer isso, viu**?

d) Tecnicamente, duas!!! Isso porque de acordo com o dicionário, salva de palmas é o mesmo que aplausos – plural de aplauso. Por isso, a partir de dois aplausos já temos uma salva. No entanto, uma salva de palmas pode significar ovação, aclamação pública. Ou seja, nesse caso, se as palmas forem empolgadas, viram uma salva!?!?

e) De acordo com especialistas em atividades físicas, ao correr, mesmo que devagar, em pelo menos um momento de transição dos pés, a pessoa estará flutuando, sem contato algum com o solo. Já no caminhar, mesmo que rápido, a pessoa tem sempre pelo menos um dos pés no chão.

f) De fato, "**autoajuda**" significa "ajudar a si mesmo". E quando alguém compra um livro desse gênero busca auxílio nas palavras de um escritor, que deveria ser um psicólogo ou especialista em assuntos emocionais. Mas uma concepção mais ampla sobre um livro de autoajuda deveria ser de que é aquele que permite ao(a) leitor(a) incorporar os seus ensinamentos para transformar a sua vida pelas próprias forças.
Espero que isso aconteça com todo aquele(a) que ler os meus três livros sobre ***Trabalhabilidade***, focando-se na **adaptação**, **agilização** e **aperfeiçoamento**, que isso lhe ajudará muito, mas muito mesmo para ter uma vida bem-sucedida.

g) É o tatu-canastra, que dorme em média 18,1 h por dia, ou seja, 75, 4% de 24 h. Se de vez em quando você acha que dormiu demais, lembre-se do tatu-canastra, que é bem mais dorminhoco que você, viu?

h) Certamente abriria a tampa do ralo, para não ser internada!?!?

BRILHE 17

Aí estão algumas das soluções solicitadas:

BRILHE 18

Aí vão as "constatações" pecaminosas.

1) Não está prestando atenção para aquele que está falando.

2) Corpo virado para outro lado, indicando falta de interesse.

3) Um aperto de mão "*a la* caipira", mostrando uma grande insegurança.

4) Fumado e jogando as cinzas no chão durante um coquetel!?!

5) Segurando o *drink* na mão errada, não permitindo cumprimentar ninguém...

6) Sem paletó!!! Isso é um desaforo!!!

7) Bebendo álcool demais.

8) Ficando muito perto. Nada de muita intimidade.

9) Falando muito alto.

10) Já são 23 h 45 min e o coquetel não acabou ainda?

11) Mão no ombro, nem pensar a menos que sejam "velhos amigos", porém, outros podem interpretar isso de forma duvidosa...

12) Falando ao mesmo tempo, pois seguramente não podem estar cantando!!!

BRILHE 19

a) A resposta não criativa e na nossa educação trivial a considerada "**oficial**" é 15 cavalos e 11 homens, que é obtida da seguinte forma:

Homem = x com 1 cabeça e 2 pés e Cavalo = y com 1 cabeça e 4 pés.

Daí o sistema linear:

$$x + y = 26$$

$$2x + 4y = 82 \text{ ou } x + 2y = 41$$

Daí da 1ª equação $x = 26 - y$ e substituindo na 2ª equação temos $26 - y + 2y = 41$ o que permite obter $\mathbf{y = 15}$ e portanto $\mathbf{x = 11}$

Como seria interessante se nos fossem ensinadas também alternativas criativas, talvez tenebrosas..., e alguém pudesse dizer que a solução pode ser 16 cavalos e 10 homens, pois um dos presentes sofreu um acidente de carro no qual perdeu as pernas: (**cabeças → 16 + 10 = 26** e **pés → 16 × 4 + 9 × 2 + 1 × 0 = 82**).

Com certeza existem muitas outras soluções dentro dessa linha de raciocínio, as quais você poderia chegar não tivesse se tornado um "quadrado clássico" e nunca tivesse aprendido criatividade, **não é?**

b) O executivo cortou a barra em comprimentos de 1 cm, 2 cm e 4 cm, com dois cortes apenas. Por meio de troca de barras de ouro, ele pode pagar o consultor com exatamente 1 cm de ouro por dia, não é? Se não entendeu, pegue uma tira de papel de 7 cm de comprimento e crie as “notas” de 1 cm, 2 cm e 4 cm e aí vai pagando com elas, recebendo o troco correspondente, pois só está pagando 1 cm por dia!!!

Foi uma solução bem engenhosa e bem criativa!!! **Sem dúvida**!

BRILHE 20

a) Porque não dá para comemorar quando o objetivo é alcançado.

b) Quando está devendo até a peruca que comprou!!!

c) Em nenhum, pois Tiradentes morreu enforcado e depois foi esquartejado.

d) Porque não pode sentar.

e) De uma mulher grávida no dia 265!?!?

f) O pandeiro.

g) Não!!! Porém, dá para imaginar e desenhar.

BRILHE 24

Aí vão elas, dentro de muitas centenas:

- Não vai doer nada.
- Sei guardar segredos.
- Eu não sabia de nada.
- Que vença o melhor.
- Compre três ao preço de dois.
- Não me importo com as críticas.
- Podem quebrar meu sigilo bancário, não encontrarão nada.
- Fiquei preso no trânsito.
- No meu governo não haverá privilégios.
- Já estou acabando o que você pediu.

BRILHE 25

Na realidade as instruções que o professor foi dando ao aluno **não** passam de diversas "distrações" sem que ele perceba que está montando uma equação do 1º grau, onde a idade do estudante é a incógnita que ele próprio acaba resolvendo sem notar, pois ela vem "embutida" dentro de uma expressão. Acompanhe o que foi feito, representando a idade do aluno por **x**.

I) $4x$

II) $4x + 20$

III) $4x + 20 - 2x = 2x + 10$

IV) $2x + 20 - 10 = 2x + 10$

V) $2x + 10 + 5x = 7x + 10$

VI) Por exemplo, se o aluno diz $94 = 7x + 10$. $x = 84/7 = 12$

VII) Portanto ele tem **12 anos**!!!

b) Bem, você pode seguir um raciocínio semelhante ao de **a)** representando por **x** a idade, **y** o dia do mês e **z** o número do sapato. Na realidade, a data de hoje foi apenas uma "embromação", pois ela desaparecerá na etapa **VI** e resultará a expressão **100 x + z**, que significa que os dois primeiros dígitos de um número de quatro dígitos, são a idade os dois últimos representam o número do calçado. Se não entendeu, então aí está como se chega a isso:

I) $5x$

II) $10^{x}\, 5x = 50x$

III) $50x + y$

IV) $100x + 2y$

V) $100x + 2y + z$

VI) $100x + 2y - 2y + z = 100x + z$

VII) Por exemplo, se a sua idade for 33 e o número de sapato 38, ter-se-á 3300 + 38 = 33 38. **Legal, não é?**

BRILHE 26

Aí vão as "explicações":

1) Para furos deslocados.

2) Furo do rebaixo para a cabeça, deslocado.

3) Para furos com escareado (furo ou buraco que foi aumentado) muito profundo.

4) Para furos tortos.

5) Para furos com escareado do lado oposto.

6) Para furos duplos.

7) Para furo que deve ficar excêntrico à superfície.

8) Para furos muito grandes.

9) Parafuso duplo para furos com escareado interno.

10) Parafuso telescópico, para quando há dúvidas na profundidade do furo.

11) Quando o furo refeito ainda não está na posição correta.

12) Parafuso com alargador para limpeza do furo.

13) Com cabeça recartilhada (pode ser utilizado em diversos equipamentos) para uso de grifo.

14) Parafuso combinado, com broca e macho, para furos com diâmetro menor.

15) Parafuso com 2 cabeças para furos onde seja necessário grande torque no aperto (usar 2 chaves).

BRILHE 27

Sei que não é nada fácil preencher corretamente todas as caselas. Se não conseguir, "mate" assim mesmo a sua curiosidade – não deixe que o enigma de Einstein o (a) traumatize – e recorra ao YouTube no qual encontrará vídeos muito bem-feitos por várias pessoas descrevendo o passo a passo para chegar a conclusão que quem tem o peixe é o **alemão**, como é o caso do feito pelo prof. Thames Sampaio.

BRILHE 29

Seguem as respostas, começando com a explicação da primeira, na qual se usa o conceito de fatorial. Fatorial (!) de um número n representado por n! é a multiplicação de n por todos os seus números inteiros antecessores maiores ou iguais a 1. Essa é uma operação muito comum em **análise combinatória**, por exemplo, para se saber quantas senhas diferentes se pode tomar com as letras da palavra amor. E a resposta é **4! = 4.3.2.1 = 24**, que representa todas as permutações possíveis (mora, roma, ramo etc.). O que porém pode deixar muita gente perplexa é o conceito de que **0! = 1**, mas recorra ao prof. Google e encontrará a explicação para isso....

$$(0! + 0! + 0!)! = 6$$

Bem, as outras soluções são mais evidentes, mas nem tanto:

$$(1 + 1 + 1)! = 6$$

$$2 \times 2 + 2 = 6$$

$$3 \times 3 - 3 = 6$$

$$\sqrt{4} + \sqrt{4} + \sqrt{4} = 6$$

$$(5 \div 5) + 5 = 6$$

$$6 + 6 - 6 = 6$$

$$7 - (7 \div 7) = 6$$

$$8 - \sqrt{\sqrt{8+8}} = 6$$

$$\sqrt{9} \times \sqrt{9} - \sqrt{9} = 6$$

BRILHE 30

Veja na sequência respostas bem suscintas:

I) Durante a noite, quando estamos dormindo, nossa mente fica livre para associar memórias, sensações e experiências de formas muito diferentes das quais ocorrem na realidade. Inexiste, portanto, ordem ou lógica.

II) Como os sonhos são produzidos por uma sequência de ações neuronais padronizadas, é possível que eles se desdobrem em “etapas” ou “capítulos”, com as mesmas memórias e áreas do cérebro sendo ativadas. Isso é o que acontece por exemplo, quando ocorrem pesadelos recorrentes.

III) É raro, mas não impossível. Comumente a pessoa acorda um pouco antes ou logo depois da cena fatal!!! Como os sonhos são uma ferramenta evolutiva para ensaiar o futuro, não há “praticamente” nenhuma vantagem na simulação da própria morte.

IV) **Não**. Mas há um tipo de sonho que nos faz imaginar ser possível controlá-lo. É o chamado sonho lúcido, quando "sonhamos sabendo que estamos sonhando".

V) A maior parte das pessoas diz sonhar em cores, mas na metade do século passado surgiram muitos estudos relatando versões em preto e branco.

BRILHE 33

Sem dúvida é a do desenho c), no qual fica claro que a pessoa se livra dos liames que a vinculavam a alguém ou algo que a manipula como se fosse um marionete.

BRILHE 34

Certamente essas respostas podem estar "incompletas" ou com uma descrição viesada, mas acredito que:

a) Parece ser um típico líder *workaholic* ("viciado em trabalho"), que faz com que você também sacrifique seus compromissos pessoais, trabalhando cada vez mais...

b) Esse é o líder carrancudo ou mal-encarado, que não o deixa sossegado, pois vive realmente sempre achando algo que não o satisfaz naquilo que você faz...

c) Lembra um líder que vive "ajustado", mas não demonstra de forma alguma que está realmente engajado. O influencia para que cumpra o que lhe pediu, porém não de uma forma muito responsável e vigilante...

d) É o líder bem-humorado, desde a segunda-feira. Quer que você trabalhe de forma dedicada, mas o orienta que quando e estiver de folga, se desligue do trabalho!?!?

BRILHE 36

A resposta correta para o número de triângulos diferentes que se pode enxergar é **30**. Tudo o que você deve fazer para chegar a resposta é abrir a sua mente, de modo que isso lhe permita enxergar todas essas possibilidades. Para isso observe inicialmente que o triângulo grande possui três divisões verticais e outras cinco horizontais (fileiras). Vá contando quantos triângulos diferentes consegue ver em cada fileira e assim conseguirá chegar ao número de 30. Se ainda assim não conseguir, recorra ao YouTube, onde há um vídeo para esse "desafio", muito bem-feito pelo prof. Rafael Procópio, detalhando como se chega à resposta.

GLOSSÁRIO E SIGLAS

Principalmente dos termos utilizados nos três livros que fazem parte do vocabulário em inglês.

A

Angel investor – Investidor anjo

App – Aplicativo

Appification – Apificação

B

Big data – Um grande conjunto de dados

Big tech – Uma grande empresa na área de tecnologia

Bitcoin – Criptomoeda que foi criada em 2008, que permite transações financeiras sem intermediários, que só existem na Internet.

Blockchain – Protocolo de confiança, isto é, uma tecnologia de registro distribuído que visa a descentralização como medida de segurança. É utilizada na transação de criptomoedas.

Blog – Um *site* que permite atualização rápida.

Bootstrapping – Primeiro passo dos investimentos.

Brainstorming – Tempestade ou vendaval de ideias.

Branding – Gestão de marca pessoal.

Burn out – Exaustão extrema relacionada ao trabalho, o que causa também distúrbio psíquico.

Buzz word – Chavão ou palavra da moda.

C

Carpe diem – Aproveite o dia ou o momento

Chat bot – Um *software* que permite a execução automatizada de rotinas de atendimento para conversar com pessoas.

Cloud computing – Computação em nuvem.

Coaching – Orientação

Coffee break – Pausa para tomar café e comer algo.

Commodity – Mercadoria.

Conference call – É o nome geral pelo qual são conhecidas todas as chamadas via telefone ou Internet

Covid-19 – Acrônimo para a expressão *corona vírus disease* (doença do coronavírus) que começou na China em 2019 e se espalhou no mundo

Coworking – Compartilhamento de espaço e recursos voltados ao trabalho
Crowdfunding – Financiamento coletivo
Crowdsourcing – Colaboração coletiva
Crushing – Engajamento (também é trituração)

D

Dark store – Loja oculta dos clientes, sem fachada e sem balcão
Database – Base de dados
Deep fake – Falsificação profunda
Deep learning – Aprendizado profundo
Delivery – Sistema de entrega
Digital commerce – Comércio digital
Download – Transferência ou descarregamento de um arquivo
Drone – Termo utilizado para designar um veículo aéreo não tripulado (também é zangão)

E

E-commerce – Comércio eletrônico
Edutech – *Startup* do setor de educação
E-mail – Endereço eletrônico para onde são enviadas as mensagens
Elevator pitch – Discurso ou fala de curta duração no elevador
Expert – Perito ou especialista
Expertise – Conhecimento especializado, sabedoria

F

Fake news – Notícias falsas ou equivocadas
Financial technology – Tecnologia financeira
Foresight – Visão do futuro
Foodtech – *Startup* do setor alimentício
Freelancer – Colaborador independente
Future studies – Estudos do futuro

G

Grow-stage – Estágio de crescimento

H

Hard skills – Habilidades técnicas
Hardware – Conjunto de equipamentos físicos que compõem um computador, juntamente com seus equipamentos periféricos

Hackathon – Uma maratona de trabalho envolvendo especialistas para se chegar a uma solução tecnológica

Healthtech – *Startup* do setor de saúde

Hobby – Passa tempo

Holding – Empresa controladora de outras

Home office – Trabalho realizado em casa

Homo sapiens – O termo que deriva do latim e significa "homem sábio", também conhecido como pessoa, gente ou ser humano

Hub – Centro de distribuição

I

Ideas worth spreading – Ideias que merecem ser disseminadas

Influencer – Influenciador

Input – Insumo ou entrada de um conjunto de dados enviados a alguém ou algo

Insight – Percepção, lampejo ou discernimento

Insuretech – *Startup* do setor de seguros

J

Job description – Descrição do trabalho

Jogging – Atividade física mais rápida que uma caminhada e mais lenta que uma corrida

Just in time – No momento certo

K

Kanban – Do japonês, cartão ou sinalização

Know-how – Conhecimento ou saber como

L

Lawtech / Legal tech – *Startup* da área de direito

Lean – Enxuto

Lean mindset – Mentalidade enxuta

Live – Transmissão ao vivo de áudio ou vídeo

M

Maker – Realizador, fazedor ou criador

Marketing – Estudo das causas, objetivos e resultados produzidos através das diferentes formas como as empresas lidam com o mercado

Marketplace – Local onde se faz o comércio de bens e serviços

Mathematical thinking – Pensamento matemático

Mindfulness – Atenção plena

Mindset – Mentalidade, configuração mental ou prédisposição psicológica

N

Networking – Relacionamento

Notebook – Possui praticamente todas as funções de um computador com a vantagem de ser portátil

O

Offline – Desconectado da Internet ("fora de linha")

Onboarding – Recepção de novos colaboradores (funcionários) numa organização para promover a sua socialização (ato de embarcar)

Online – Conectado à Internet (com acesso a sinal), isto é, disponível para uso imediato

P

Pet – Animal de estimação

Persona – Representação semifictícia do cliente ideal

Pitch – Apresentação curta feita para potenciais investidores por alguém que deseja criar/abrir uma nova *startup*

Player – Participante de um projeto ou ator

Playlist – Lista de músicas

PlayStation – Console de *videogame* fabricado pela Sony

Podcast – Arquivo digital de áudio transmitido pela Internet

Private equity – Ativo privado

Q

Quantum machine learning – Aprendizagem quântica de máquina

R

Ranking – Classificação ordenada de acordo com determinados critérios

Reskilling resort – Treinamento de um funcionário para que este possa trabalhar em um novo cargo (requalificação profissional)

Resort – Local que oferece hospedagem e entretenimento ao mesmotempo

S

Scrimmage – Escaramuça, combate

Scrum – Formação no jogo de *rugby* ou um método para agilizar o gerenciamento de projetos complexos

Shopping center – Centro de compras com serviços variados e locais de entretenimento

Show – Espetáculo ou concerto

Site – Coleção de páginas da *Web* (WWW) organizadas e localizadas em um servidor na rede

Skill – Habilidade ou aptidão

Smart money – Dinheiro inteligente

Smartphone – Telefone celular inteligente

Soft skills – Habilidades comportamentais

Software – Programa com procedimentos (instruções) que determinam o seu funcionamento

Sprint – Corrida rápida

Stakeholders – Parte interessada ou interveniente numa empresa negócio projeto etc.

Startup – Empresa iniciante ou nascente

Status quo – Estado das coisas

Storytelling – Capacidade narrativa ou contação de histórias

Streaming – Tecnologia de transmissão de dados de áudio e vídeo, de um servidor para um aparelho como computador, celular ou *smart* TV, sem a necessidade de baixar o conteúdo

T

Tablet – Prancheta eletrônica para acesso a Internet

Thinking – Pensamento ou raciocínio

Trend forecasting – Previsão de tendências

U

Upskilling – Ensino de novas competências ao trabalhador

V

Venture bilder – Construtor de empreendimento

Venture building – Organização que constrói *startups*

Venture capital – Capital de risco

Venture capitalist – Capitalista de risco

W

Walker/ Talker – Passeador / conversador

Waze – Aplicativo que dá aos usuários detalhes sobre as melhores rotas no trânsito

Wearables – Peças utilizáveis (vestíveis), acessórios inteligentes

Webinar – Seminário realizado pela Internet

Workshop – Curso intensivo de curta duração, no qual técnicas, habilidades, conhecimentos, artes etc., são demonstrados e aplicados em laboratórios, oficinas, salas de aula, etc.

SIGLAS USADAS NOS TRÊS LIVROS

A

ACATE – Associação Catarinense de Tecnologia

ABStartups – Associação Brasileira de *Startups*

ABTD – Associação Brasileira de Treinamento e Desenvolvimento

a.C. – Antes de Cristo

AGV – *Automated guided vehicle*, isto é, veículo autoguiado

Apex Brasil – Agência Brasileira de Promoção de Exportação e Investimentos

APP – Abreviação da palavra *application*, do inglês, que significa aplicativo

ARPA – Advanced Reaserch Projects Agency, isto é, Agência de Projetos de Pesquisa Avançada

ARPANET – Advanced Research Projects Agency Network, isto é, Rede da Agência de Projetos de Pesquisa Avançada

ATF – Associação de Tênis Feminino

B

BA – *Business Analytics*. Isto é, análise de negócios

BANI – Acrónimo de *brittle* (frágil), *anxious* (ansioso), *non linear* (não linear) e *incomprehensible* (incompreensível)

B2B – *Business to Business* (transação entre empresas)

B2B2C – *Business to Business to Consumer* (transação entre empresas e no final com o cliente)

B2C – *Business to Consumer* (transação entre empresa e cliente)

B2E – *Business to Employee* (transação entre a empresa e o funcionário)

B2G – *Business to Government* (transação entre a empresa e o governo)

BD – *Big data*, ou seja, megadados ou grandes dados

BI – *Business Inteligence*, isto é, inteligência de negócios

BMC – *Business Model Canvas*, ou seja, Canvas do Modelo de Negócios

BNDES – Banco Nacional de Desenvolvimento Econômico e Social

C

CASE – Conferência Anual de *Startups* e Empreendedorismo

CBTD – Congresso Brasileiro de Treinamento e Desenvolvimento

C2C – *Consumer to Consumer* (transações entre consumidores)

CD – *Compact disc*, ou seja, disco compacto

CEO – *Chief executive officer*, isto é, executivo principal de uma empresa

CERN – *Conseil Européen pour la Recherche Nationale*, isto é, Conselho Europeu para Pesquisa Nuclear, hoje conhecido como Organização Europeia para a Pesquisa Nuclear

CES – *Consumer Electronics Show*, isto é, Exposição de Eletrônicos de Consumo

CHA – Conhecimento, habilidade e atitude, elementos constituintes da competência

CHO – *Chief happiness officer*, Isto é, gestor principal da felicidade

CLT – Consolidação das Leis do Trabalho

CNV – Comunicação não-violenta

CNPJ – Cadastro Nacional de Pessoas Jurídicas, ou seja, número designado pela Receita Federal na abertura de uma empresa

Covid-19 – *Corona virus disease*, ou seja, doença do coronavírus. Refere-se à pandemia que teve início em dezembro de 2019, quando os primeiros casos de infectados surgiram na cidade chinesa deu Wuhan, na China, e foram divulgados publicamente.

CPSI – Creative Problem Solving Institute, isto é, Instituto de Solução Criativa de Problemas

CTA – Consumer Technology Association, ou seja, Associação de Tecnologia de Consumo

D

D2C – *Direct to Consumer* (direto ao consumidor)

DNA – *Deoxyribonucleic acid*, ou seja, ácido desoxirribonucleico

DL – *Deep learning*, ou seja, aprendizado profundo

DT – *Design thinking*, isto é, pensamento de *designer* ou então pensar como um designer

DVD – *Digital versatile disk*, Isto é, disco digital versátil

E

EAD – Educação ou ensino a distância

EC – Economia criativa

Enem – Exame Nacional do Ensino Médio

EUA – Estados Unidos da América

F

FANI – Acrônimo de um mundo abalado por ser frágil, ansioso, não linear e incompreensível

FDA – Food and Drug Administration, isto é, agência de vigilância sanitária dos EUA

FMI – Fundo Monetário Internacional

G

GE – General Electric

GEM – *Global Entrepreneurship Monitor*, isto é, Monitoramento de Empreendedorismo Global

GPS – *Global positioning system*, isto é, sistema de posicionamento global

I

IA – Inteligência artificial

IBGE – Instituto Brasileiro de Geografia e Estatística

IDC – Internet das Coisas

IE – Instituição de ensino

IES – Instituição de ensino superior

Internet – Sistema global de redes de computadores interligados

IoT – *Internet of Things*, ou seja, IDC

IP – *Internet Protocol*, isto é, protocolo da Internet

IPO – *Internal Public Offering*, isto é, oferta pública inicial

M

Mbps – *Megabyte* por segundo, uma unidade utilizada para medir a velocidade de banda larga

MEI – Microempreendedor Individual

Mit – Massachusetts Institute of Technology, isto é, Instituto de Tecnologia de Massachusetts, nos EUA

Ml – *Machine learning*, ou aprendizado de máquina

MMP – Modelo de pensamento produtivo

MP – Marca pessoal

MVP – *Minimum viable product*, isto é, produto mínimo viável

N

NASA – National Aeronautics and Space Administration, ou seja, Administração Nacional da Aeronáutica e Espaço, do governo dos EUA

NASDAQ – National Association of Securities Dealers Automated Quotations, isto é, Associação Nacional de Corretores de Títulos de Cotações Automáticas

NN – Novíssimo normal

NYSE – New York State Exchange, isto é, Bolsa de Valores de Nova Iork

O

ODS – Objetivo de Desenvolvimento Sustentável

OI – Observaçãoi Importante

OMPI – Organização Mundial de Propriedade Industrial

OMS – Organização Mundial de Saúde

OMT– Organização Mundial do Turismo

ONG – Organização não governamental

P

PB – *Personal branding*, ou seja, gestão de marca pessoal (MP)

P&D – Pesquisa e desenvolvimento

PDCA – Ciclo que passa pelo *plan*, *do*, *check* e *act*, isto é, planejar, desenvolver, checar e agir

PEA – População economicamente ativa

PEGN – Revista *Pequenas Empresas & Grandes Negócios*

PIB – Produto interno bruto

PME – Pequena e média empresa

PMV – Produto mínimo viável

PNAD – Pesquisa Nacional por Amostra de Domicílios

PSCP – Processo de solução criativa de problemas

Q

QI – Quociente de inteligência

QP – Quociente de inteligência de persuasão

R

RPA – *Robotic process automation*, ou seja, automação robótica do processo

S

SaaS – *Software* as a Service, ou seja, *software* como serviço

SCP – Solução criativa de problema

SEBRAE – Serviço Brasileiro de Apoio às Micro e Pequenas Empresas

SESI – Serviços Social de Indústria

SMS – *Short message service*, ou seja, serviço de mensagem curta

STEM – *Science, Technology, Engineering Mathematics*, ou seja, ciência, tecnologia, engenharia e matemática

STEAM – *Science Technology, Engineering, Arts and Mathematics*, ou seja, ciência, tecnologia, engenharia, artes e matemática

SXSW – South *by Southwest*, um evento de tecnologia e arte que ocorre em Austin, cidade do Texas nos EUA

T

3D – *3 Dimensions*, ou seja, 3 dimensões

TCP – *Transfer Control Protocol*, isto é, protocolo de controle de transferência

TD – Transformação digital

TED – Conferência com palestras curtas (de até 18 min) focadas inicialmente em tecnologia, entretenimento e *design*

TET – Taxa de empreendedorismo total

TFG – *Top Free Games*, ou seja, principais jogos gratuitos

TI – Tecnologia de informação

TIC – Tecnologia de informação e comunicação

TV – Televisão

U

UNESCO – United Nations Educational, Scientific and Cultural Organization, isto é, Organização das Nações Unidas para a educação, ciência e cultura

UNICAMP – Universidade Estadual de Campinas

UOL – Universo Online

URSS – União das Repúblicas Socialistas Soviéticas

US$ – Símbolo do dólar norte-americano

V

VCR – *Vídeo cassete recorder*, ou seja, gravador de vídeo cassete

VICA – Denominação dada a um mundo volátil, incerto, complexo e ambíguo

VPC – *Value Proposition Canvas*, ou seja, Canvas da Proposta de Valor

VUCA – Acrónimo do mundo abalado pela volatilidade, incerteza complexidade e ambiguidade (*volatility*, *uncertainty*, *complexity and ambiguity*)

W

5W1H – Composto pelas 6 palavras em inglês: *what* (o quê), *why* (por quê), *where* (onde), *when* (quando), *who* (quem) e *how* (como)

WIPO – World Industrial Property Organization, ou seja, Organização Mundial da Propriedade Industrial

WWW – *World Wide Web*, tradução literal como “ampla teia mundial”

No decorrer de minha vida profissional, tive a oportunidade de conhecer e conviver com pessoas incríveis, íntegras e de caráter ilibado.

Um desses casos foi o do professor, advogado e político Marco Antônio de Oliveira Maciel (1940-2021), que ocupou quase todos os cargos públicos no cenário político brasileiro: deputado estadual, federal, governador, senador, vice-presidente da República (alguns deles por mais de um mandato) e ministro, tendo inclusive feito um excelente trabalho no ministério da Educação.

Lembro-me do seu jeito admiravelmente conciliador, e quando, perguntado sobre o que iria ocorrer em vista das muitas escaramuças políticas em evolução, ele respondeu: **"Tudo pode acontecer, inclusive nada!!!"**

Se você quiser inspirar-se em alguém de reputação indiscutível, e **aperfeiçoar-se** para construir sua MP, procure saber mais sobre a vida e o trabalho desse notável brasileiro.

Aí vão três registros de eventos em que apresentei Marco Maciel:

DVS EDITORA
www.dvseditora.com.br